中国地质大学（武汉）矿产资源战略与政策研究中心、
生态文明研究中心资助出版

全国大学生能源意识与行为研究

（2018）

齐　睿　龚承柱　著

图书在版编目(CIP)数据

全国大学生能源意识与行为研究.2018/齐睿,龚承柱著.—武汉:武汉大学出版社,2020.12

ISBN 978-7-307-21788-1

Ⅰ.全… Ⅱ.①齐… ②龚… Ⅲ.大学生—能源—环境意识—研究—中国 Ⅳ.①TK01 ②X321.2

中国版本图书馆 CIP 数据核字(2020)第 179161 号

责任编辑:李 玚　　责任校对:李孟潇　　整体设计:韩闻锦

出版发行:**武汉大学出版社**　(430072 武昌 珞珈山)

(电子邮箱:cbs22@ whu.edu.cn 网址:www.wdp.com.cn)

印刷:武汉邮科印务有限公司

开本:720×1000 1/16　印张:9.75　字数:135 千字　插页:1

版次:2020 年 12 月第 1 版　2020 年 12 月第 1 次印刷

ISBN 978-7-307-21788-1　定价:33.00 元

序

能源是人类社会赖以生存和发展的重要物质基础，其开发和利用极大推进了世界经济和人类社会的发展。在我国，以化石能源为主的能源结构在持续推动经济社会发展、不断改善人类物质生活条件的同时，面临着资源约束趋紧、生态环境污染严重、全球气候变暖的严峻挑战。在此背景下，我国不仅提出尊重自然、顺应自然和保护自然的生态文明建设理念，还提出资源节约型、环境友好型的绿色发展理念，逐步走向绿色低碳循环发展之路。

大学生作为国家科技、教育、社会经济发展的新生力量，其能源消费观念和行为不仅会影响社会能源消耗，还会因其示范效应影响其他群体的能源生产生活决策。目前，尚未有针对大学生群体的全国性能源意识调查分析。本书以全国高校大学生为调研主体，通过调查问卷法，分析大学生群体的能源意识水平现状及时空差异，探索大学生能源意识的影响因素、相互关系和作用机理。本书定位于调查研究报告，遵从了问卷调查的思想和方法，采用了结构方程模型和综合评价方法，主要内容包括：梳理界定了大学生能源意识的概念维度；设计收集了大学生能源意识调查问卷；分析评价了大学生能源意识的知晓度、认同度和践行度现状，及其时空差异；探索测度了大学能源意识影响因素的作业机理；提出了大学生能源意识教育的方向和路径。

本书目的在于促进大学生认识能源在社会发展中的重要地位，正确理解和把握能源及环境问题跟人类生产生活之间的密切关系；能够积极地关心能源及环境问题，提高能源意识；认识能源的有限性和节能的必要性，树立节能观念，提高节能技术；养成科学处理能源及环境问题的实践态度及对能源问题的自我价值判断能力和意志决定能力，树立与环境相协调的合理生活方式，并积极参与到共建可持续发展的和谐社会过程中去。希望以此为突破口，推动有关部门加强能源教育，提高国民能源意识，服务于国家生态文明建设，践行绿色发展理念。本书撰写过程中，得到在得到了中国地质大学(武汉)生态文明研究中心的资助和中心各位教授的大力支持，在此深表感谢。在问卷调查过程中，收集了大量样本，对尤晓莹、张康、熊扬宗等诸多同学的辛勤付出，在此一并感谢。中国地质大学(武汉)生态文明研究中心长期致力于生态文明体制机制改革研究，获国家社科基金重大项目、国家自科基金重点项目、国家社科、自科基金面上和青年项目20余项，相关成果多次获省部级领导批示，获湖北省社会科学优秀成果奖、湖北省发展研究奖等，是湖北省委重要智库。

本书作为《全国大学生生态文明意识调查》的姊妹篇，是针对大学生群体生态文明意识教育之后的又一个阶段性成果，将以此为依托，继续深化研究。希望寄本项研究成果的出版，能有更多研究者共同参与研究，对其中的不足和缺陷，恳请广大读者给与批评指正。

著者

2020年11月

目　　录

第1章　绪　　论

1.1　大学生能源意识研究背景及意义

1.1.1　研究背景

气候变化问题对自然生态发展和人类社会可持续发展的影响有目共睹，能源是人类赖以生存、经济发展和社会进步不可缺少的重要资源，但以化石能源为主的能源结构在持续推动经济社会发展、不断改善人类物质生活条件的同时，也使得气候变暖、生态破坏、资源枯竭等问题逐渐严峻。在此背景下，国际社会长期以来致力于对经济可持续发展模式的探索，寻求如何在生态环境容量和资源承载力的约束条件下实现经济的增长，旨在实现经济效益与环境保护的博弈均衡，并提出了绿色经济、循环经济以及低碳经济等可持续发展模式。2015 年，近 200 个缔约方在巴黎气候变化大会上达成应对全球气候变化的《巴黎协定》，旨在将本世纪全球平均气温上升幅度控制在 2℃以内。面对国际社会的一致呼吁，作为秉持人类命运共同体理念的中国也做出相应承诺，积极应对气候变化问题、环境污染问题。在《巴黎协定》下，中国又提出了有力度的自主贡献目标，即到 2030 年单位 GDP 的二氧化碳排放比 2005 年下降 60%~65%，非化石能源的比重提升到 20%。

中国既是能源生产和消费大国，又是一个以煤炭为主要能源的国家，资源、环境和能源问题不容乐观。中国能源消费总量早在2010年已居世界第一，2018年达46.4亿吨标煤，发电量和电力消费也居世界首位，2018年发电6.8万亿千瓦。同时，我国能源结构不合理，煤炭比重过大，碳排放总量是美国的2倍，火电比例过高，超过70%，清洁能源虽然发展较快，但比重仍显著低于发达国家水平。中国人均GDP不足1万美元，但人均碳排放量从1992年联合国气候变化框架公约时的不到2吨、排在一百名之后，变成2017年年底的超过7吨，是世界平均水平的1.5倍，且超过欧洲人均排放水平。在我国城镇化与工业化进程加快、经济快速发展的背景下，我国的能源消费总量还将继续提高，经济增长和能源消耗的需求依然刚性。加之我国产业结构和能源消费结构不合理、能源效率低下，使得气候变暖、大气污染、土地沙化等一系列生态环境污染问题日益突出，不可再生的化石能源逐步衰竭。随着我国经济迈入高质量发展阶段，如何在能源消费总量提高的同时，降低碳排放的增速，是亟待攻克的难题。虽然近十年数据表明我国煤炭消费占比呈下降趋势，但煤炭等化石能源短期内仍是我国主要能源来源。因此，通过能源生产和消费的清洁化、能源效率的提高、能源结构的进一步优化和能源发展的转型实现能源的高质量发展，是当前及未来相当长一段时间内我国能源战略的核心。

为了完成对国际社会的承诺以及达到我国自身环境发展的要求，国家对能源问题的重视程度不断提高。建设生态文明，打造美丽中国，是习近平新时代中国特色社会主义思想的核心内容。美丽中国的打造，就应实现从高能耗、高污染、高碳排放向低能耗、低污染、低碳排放战略性转移。在2014年6月中央财经领导小组第六次会议上，习近平总书记提出推动“能源革命”的重大战略思想；在党的十九大报告中，“清洁低碳，高效安全”成为我国能源发展战略方针，低碳首次纳入能源发展战略；在2018年4月份中央财经委员会第一次会议上，习近平总书记再次强调“优化能源结构，减少煤炭消费，增加清洁能源供应”，并于6月出台《打赢蓝天保卫战三年行动计划》，其中最重要的内容之一就是优化能源结构，减少煤炭供应，增加清洁能源供应，包括用清洁的电力、天然气等清洁能源取代煤炭，提高油品质量，等等。“十三五”国家战略性新兴产业发展规划则提出要系统推进燃料电池车的研发与产业化，推动高性能低成本燃料电池材料和系统关键部件研发，推进加氢站建设。除此之外，我国《能源发展“十三五”规划》《能源生产和消费革命战略(2016—2030)》等一系列国家战略性文件均为能源结构转型提供指导性意见，各级机构也在推动各类生态工程、大力发展清洁能源。

但有专家指出，目前按照各国为了应对气候变化在《巴黎协定》下提出的国家自主贡献目标来讲，到2030年温室气体的排放还处在上升的情况下，离实现2℃的减排每年还有100多亿吨二氧化碳当量的缺口，所以为了应对气候变化，全球必须加速低碳转型的力度。中国还处在煤炭时代，而世界已经进入了油气时代，一个处于煤炭时代的国家和处于油气时代的国家，能源转型之路注定有所差异。当前，我国能源科技整体水平与转型要求不适应，核心技术创新不足，可再生能源发展面临多重瓶颈，新能源在技术经济型等方面的竞争优势不如化石能源显著，加之适应能源转型变革的体制和机制还有待完善，可再生能源要完全替代化石能源不可能一蹴而就，在能源转型方面会存在一些矛盾。能源转型的关键是能源系统转型，不单单是在输入端把可再生能源替代煤炭就完了，实际上是生产、消费、运输，甚至生产模式、消费方式的转型。

所以，生态文明建设不仅需要国家制定各项规章制度、开展大型生态工程，企业推动技术创新、采用节能减排技术，而且也需要全体公民在日常生产、生活中力所能及地保护自然环境、节能减排。习近平总书记在2013年5月24日的中共中央政治局第六次集体学习时强调：“要加强生态文明宣传教育，增强全民节约意识、环保意识、生态意识，营造爱护生态环境的良好风气。”显然，增强能源节约意识被放在了非常突出的地位。但在当前严峻的能源形势下，企业和个人的能源消耗还存在较为严重的浪费，对清洁能源和节能设备使用的积极性不高，因此极有必要采取多种措施，包括激励、规制和教育，来提高公众的能源意识，推动人们节约、合理利用能源的行为，本研究将这种有利于生态环境保护的能源利用行为称为能源行为。

我国人口基数庞大，不同年龄阶层的群体之间生活方式和消费理念均存在差异。大学生是社会主义事业的建设者和接班人，是全面建设小康社会的骨干力量，也引领着未来社会的消费趋势。人民网曾报道："我国近 4000 万的高校大学生，年消费总额已达到 6000 亿。2019 年有望突破 8000 亿，未来 5 年更是会突破万亿大关。"体量庞大的大学生同时掌握高层次的科学文化知识，学习能力与接受能力较快，更易接受新兴事物，同时也具有良好的社会责任感。大学生作为国家科技、教育、社会、经济发展的新生力量，个人的能源消费观念和行为不仅会影响社会能源消耗，其示范效应还会影响其他群体的能源生产生活决策。大学生一旦毕业进入社会，因其受教育程度更高，更容易占据经济社会发展的关键位置，获得更高报酬，自身能源消费量更庞大，节约行为产生更多效果。但由于价值观和消费观尚未成熟、稳定，缺乏独立的经济来源，再加上西方消费主义等不良影响，部分大学生的能源消费行为易产生偏差，出现奢侈、过度、炫耀、从众等非理性能源消费行为。

大学阶段的教育对于学生价值观、人生观、社会观的正确养成以及行为习惯的培养有着重要的影响。因此，高等院校不仅要关注学生的人文和政治素质，使其形成正确的世界观和方法论，而且更需要展开环境能源教育，培养大学生科学的能源生态意识，使其形成文明健康的生活方式和消费方式，树立可持续发展的科学发展观。正因如此，欧美高校非常重视大学环境和能源教育。早在 1990 年，22 所世界一流大学签署了关于大学在环境管理与永续发展的角色的《塔乐礼宣言》(Tallories Declaration)，30 年来累积有 520 余所大学相继加入，该宣言旨在推动大学环境意识教育，近十几年来开始重点强调大学应尽可能开展能源意识，尤其是和低碳、新能源相关的教育。

综上，我国与世界上绝大多数国家一样，正面临越来越严峻的能源问题，需要全体公众都能采取有利于资源环境可持续发展的能源行为，而越来越多的实践经验和研究结论指出，应高度重视能源素养教育，尤其是在高等教育中对大学生进行教育，增强能源意识和节约能源的行为。但这些工作都应基于更为深入细致的研究的基础上，对大学生能源意识和能源行为基本情况有全面的了解，采取更有效的措施和方式，促进整个社会的能源可持续利用。遗憾的是，虽然目前我国已有很多组织和学者，如原环保部于 2014 年开展过对全体公民生态文明意识的调查，但对大学生群体的能源意识和能源行为的深入研究仍非常少见。中国地质大学(武汉)长期以来一直致力于我国生态环境保护和资源能源节约方面的研究，并高度重视，将研究成果纳入本科教学体系之中。但在教学实践和与学生交流过程中，我们发现，即使是以资源环境为特色来办学，在校生的能源意识与能源行为依然与期望有较大差距。正是在这些背景下，我们组织开展了本项调查和研究工作。

本项目(“全国大学生能源意识与行为研究”)由中国地质大学(武汉)经济管理学院的课题研究小组开展，主要的研究对象是我国高校大学生，研究的方向是能源意识与能源行为。此次研究将采取线上及线下问卷调查的方式收集数据，数据采集于 2017 年 3 月至 2017 年 12 月。

1.1.2　研究意义

(1)设计大学生能源意识调查量表，为大学生能源意识的教育指标化、系统化提供决策支持。我国环境意识调查工作开展的较多，既有国家部委、科研机构，也有非政府组织和个人组织的，生态保护意识调查也有不少。相比而言，能源意识的调查研究则相对较少，且问卷调查的标准不一，缺乏系统性。能源意识的度量是后续研究的基础，但能源意识或素养的量表设计却并非易事，需要遵循严苛的方法论，并在实践中不断加以修正(罗伯特·F. 德威利斯，2016)。本研究基于 DeWaters 关于欧美大学生能源意识的量表、环境保护部宣传教育司(2015)关于中国公民生态文明意识的量表和齐睿等(2017)关于中国大学生生态文明意识的量表编制，并进行了多轮检验和修正，在量表信度和效度方面表现良好。有关部门可以基于本量表，对全国大学生能源意识(素养)进行长期调查追踪。

(2)调查大学生能源意识水平，为有关部门了解大学生生态文明意识现状，开展针对性措施提供科学参考。虽然与大学生能源意识相关的大学生环境意识、生态意识淡薄问题已屡屡见诸报端，但目前国内对于大学生能源意识的调查工作仍显不足，使得相关部门无法准确开展工作，也为后续工作的进行增添了难度。本研究为大学生能源意识调查这一方面提供了部分数据，通过研究中国大学生的能源意识现状，为有关部门和社会提供了中国大学生能源意识水平的基础数据和主要分析结论，贡献高校能源意识理论研究者的绵薄之力，呼吁有关部门采取有效措施，在高等教育中增加能源意识教育元素。

(3)研究大学生能源意识水平影响因素，基于对中国大学生能源意识与行为内在结构的探索，为教育部门提出了有针对性和可行性地开展高校能源意识教育的对策建议。通过大学生能源意识教育，有效提升大学生能源意识水平，进而促进大学生能源行为，是本研究的核心观点，但如何在资源有限的条件下，有针对性地开展大学生能源意识教育，需要更多相关学者深入研究。随着循证决策理念逐渐深入政府管理过程，能源教育推进工作也需要有证可循。能源教育有其自身特定规律，遵循这些规律，才能让教育效果最大化，而且近年来信息化的发展、新媒体的普及，都深刻影响着大学生知识、信息获取方式偏好和学习偏好，本研究在大规模意识调查数据基础上，尝试分析不同特征，如性别、年级、专业和地区对能源意识水平的影响，并运用结构方程模型，对计划行为理论(TPB)和规范激活理论(NAM)在中国大学生能源意识行为研究上的解释能力进行了探索，提出了中国大学生能源意识与行为的“知晓度—认同度—践行度”三维结构模型，在此基础上尝试提出一些针对性建议，以期能促进建议的合理性和可行性。

1.2 文献综述

1.2.1 能源意识概念相关研究

“能源意识”是一个交叉学科概念，它涵盖了心理学、社会学、教育学以及资源环境科学等多个学科领域知识。不同研究领域的学者从不同视角的研究使得能源意识一直没有一个明确统一的定义。“能源”一词一直与环境可持续发展紧密相连，在国外的研究中，能源意识即能源素养，其符合科学、技术和环境素养的广泛概念，并与环境素养一脉相承。大多能源意识的研究借鉴了环境素养的研究，因此国内外学者在进行能源意识相关研究时也采用了不同的称谓，比如：能源素养(energy literacy)、环境素养(environmental literacy)、节能意识、资源节约意识、节能行为、环境负责任行为(ERB)、亲环境行为、新环境范式(NEP)等。虽然采用的词汇有所区别，但含义一致，均反映了个人对环境及能源的认识以及应对环境能源问题时的态度及行为取向。

作为能源意识研究的奠基石，环境素养的许多国外研究(Hines, et al., 1987; Hungerford & Volk, 1990; Disinger & Roth, 1992; Roth, 1992; Simmons, 1995)在环境教育领域展开，旨在制定一些框架定义环境素养的组成成分。随后，这些框架指导了众多国内外学者们对不同主体的环境素养研究及国家评估。虽然这些框架采用了不同数量的维度来定义环境素养，但最突出和流行的维度是知识、态度和行为(Genc & Akilli, 2016)。随着研究的深入，不同的学者为其增加了新的维度，常见的是技能(skill)和倾向(disposition 或 tendency)维度。比如 Roth(1992)在其著作中阐述了环境素养的定义，并将其分为知识、技能、情感(环境敏感性、态度和价值观)、行为(个人投入、责任和积极参与)四个部分；而 Hollweg et al. (2011) 则将环境素养分为知识、倾向、能力(competency)和行为四个维度。事实上，如表 1-1 所示，尽管这些框架在维度划分上有所不同，但均可归类到北美环境教育协会(NAAEE)所提出的环境素养三大领域中：认知领域(cognitive domain)、情感领域(affective domain)、行为领域(behavioral domain)。表1-1总结了若干环境素养研究。

表1-1 部分环境素养研究汇总

研究	认知领域	情感领域	行为领域
Alkaher & Goldman (2018)	知识	倾向	自我报告环境行为
Arnon, et al. (2014)	知识	价值观和态度	行为
Braun, et al. (2018)	知识	态度	行为
Chu, et al. (2007)	知识	态度	行为 技能(解决问题的策略)
Erdogan & Ok (2011)	知识 认知技能	情感(行为意图、环境态度等)	环境负责任行为
Esa (2010)	知识	态度	行为
Fah & Sirisena (2014)	知识	态度	行为
GBADAMOSI (2018)	知识	态度	行为
Goldman, et al. (2014)	知识	态度	行为
Hashimotomartell, et al. (2012)	知识	态度	环境负责任行为
Hollweg, et al. (2011)	知识 能力(认知技能)	倾向 能力(情感维度)	环境负责任行为 能力(行动技能)

续表

研究	认知领域	情感领域	行为领域
Levine & Strube (2012)	知识	态度 行为意图	行为
Levy, et al. (2016)	知识 思维技能	态度	行为
Lloyd-Strovas, et al. (2018)	知识	态度	行为
Liu, et al. (2015)	知识	情感(环境意识和敏感性、态度、价值观)	行为意图 行动技能 环境负责任行为
McBeth & Volk (2009)	知识 认知技能	情感(行为意图、环境敏感性等)	环境负责任行为
Negev, et al. (2008)	知识	态度	行为
Pe'er, et al. (2007)	知识	态度	行为
Spínola (2015)	知识	态度	行为
Stevenson, et al. (2013)	知识 认知技能	情感和意识 (行为意图、环境敏感性等)	行为
Timur, et al. (2013)	知识 认知技能	情感倾向	行为
Yavetz, et al. (2009)	知识	态度	自我报告环境行为
Zsóka (2008)	知识	价值观 态度 行为意图	行为

续表

研究	认知领域	情感领域	行为领域
洪大用（1998）	知识	基本价值观念 态度	行为
洪大用 & 范叶超（2016）	知识	关心	行为
刘丽梅 & 吕君（2008）	知识	态度 评价	行为
刘妙品等(2019)	认知 技能	情感	行为
刘森林（2017）	知识	基本价值观念 态度	行为
王耀先等(2011)	知识	价值 态度	行为
魏勇等(2017)	知识 认知	态度 评价	行为

对环境素养概念框架的研究为后人研究能源意识奠定了坚实的基础。学者 DeWaters 借鉴了科学素养与环境素养的概念研究，在不同的研究成果中展现了对能源素养的理解，并受到众多学者认可(Bodzin, et al., 2013; Chen, et al., 2015; Cotton, et al., 2015; Lee, et al., 2015)，他认为能源素养是一个广泛的术语，不仅内容知识，还涵盖了公民对能源的理解，包括情感和行为层面(DeWaters, et al., 2007; DeWaters & Powers, 2013)。Lee, et al. (2015)认为具有能源意识的人应了解日常如何使用能源，了解能源生产和消费对环境的影响，了解能源相关决策和行动对全球社会的影响，了解保护和开发替代资源的必要性，以及了解其他有助于决策和行动的因素。

国内学者则更喜欢使用"资源节约意识""节能意识"等词汇描绘能源意识，并持有不同看法。王建明（2013)认为意识指感知、知识、情感、心理和态度层面，行为则指行动和实践层面，资源节约意识两个维度(资源节约情感和资源节约知识)对资源节约行为存在显著主效应。黄云凤等(2011)在其研究中将节能意识分为对当前能源形势的认识、对节能重要性的认识、节能意识的认识途径、对节能行为的态度这四个方面。其他学者在实证研究中也默认了节能意识包含了认知和情感层面，节能行为则作为结果变量进行研究(王建明，2010；陈伟等，2013；张玉等，2017)。而刘志娟等(2018)认为公民生态环境意识直观地反应为一种心理，包含了认知、感受以及意向等，这些均可以用态度来表示，而态度的外显是行为，因此意识应包含态度和行为两个层面。

虽然国内学者对于认知、情感、行为是否同时包含于能源意识持不同意见，但不可否认，能源教育的最终目标是影响公民的环境行为，培养具有能源意识的公民(Roth，1992；Erdogan & Ok，2011；Eilam & Trop，2012；DeWaters & Powers，2013)。因此无论是环境素养框架的研究(见表 1-1)还是能源意识学者的研究，这些观点共同指向一个事实——能源意识也可以定义为三个领域：认知、情感和行为，知识、态度和行为则是其重要维度。本书即采用这一能源意识框架，结合认知规律，将能源意识具体维度命名为知晓度、认同度和践行度。

1.2.2　能源意识三维度相关研究

结合对环境素养框架的研究，通过文献梳理，我们可以发现围绕能源意识三维度的研究也主要可以分为三类：(1)能源意识的测量；(2)能源意识三维度之间的关系；(3)能源意识的影响因素探索。

学者们往往因研究主体的差异、所处国家社会文化背景的差异而采用不同的能源意识度量工具开展调查，以知识、态度、行为作为能源意识的评价指标，测度其研究主体的能源意识水平。Barrow & Morrisey (1989)对处于不同地理位置的两个九年级学生进行能源素养调查，研究发现学生的能源意识普遍较低。DeWaters & Powers (2011)研究了美国中学生的能源意识水平，发现学生们对能源问题表现出关心，即态度维度得分较高，但相对较低的认知和行为得分表明，学生可能缺乏有效的为解决能源问题做出贡献所需的知识和技能，致使节能行为与亲环境行为表现不佳，整体能源意识不高。陈伟等（2013）的问卷调查发现，大学生对能源资源重要性及现状有充分的认识，对节能重要性的自我认识较强并有意愿付诸行动，但是节能行为明显落后于节能意识，具有"知强行弱"的特征，尚未养成良好的节能行为习惯。类似的结论在表1-1的环境素养研究中也有所体现。Arnon 等（2014）在探讨以色列高等教育机构对大学生环境素养提高的作用时发现，大学生环境素养普遍处于中等水平，其中行为水平适中，知识水平较低，价值观和态度水平较高。Erdogan & Ok（2011）的研究发现土耳其小学生的环境素养水平中等，其中知识和情感得分最高，环境负责任行为得分较低。当然也有积极的研究成果，Lee 等（2015）对 DeWaters 的能源意识测量工具进行修改以适应台湾背景，其调查发现台湾中学生的能量意识在各个领域都呈现出较高且正向的趋势。因此，不同社会背景、不同研究对象的调查往往会出现不同有趣的结论。

早期环境教育模型认为，教育和知识会导致态度的转变，教育会促进知识的增长致使产生减少污染的积极态度，而这种态度反过来又促进保护环境、节约能源的行为（Ramsey & Rickson，1976；Kollmuss & Agyeman，2002）。事实上，一些研究为支持知识和态度之间的关系提供了证据（Murphy，2002；Esa，2010；DeWaters & Powers，2011）。此外，Fishbein & Ajzen（1977）开发的理性行为理论和 Ajzen（1991）修改的计划行为理论为态度和行为之间的关系提供了理论基础，部分研究（Murphy，2002；DeWaters & Powers，2011；Lee，et al.，2015）也证实了态度和行为之间的积极正向关系。Kelly，et al.（2006）研究资源回收行为时发现，自主的资源回收行为与态度之间存在很大关系。然而，也有很多研究结果并未支持知识、态度和行为之间的准线性模型。Hopper & Nielsen（1991）以垃圾回收为研究对象，发现态度和行为无关，持积极态度的群众并不一定会主动实施垃圾回收行为。对于知识、态度、行为

(能源意识维度)之间的关系，研究人员认为由于经济、文化、社会等各种因素的差异，三维度之间会存在各种各样的相关性(Barraza & Walford, 2002; Deng, et al., 2006; Genc & Akilli, 2016)。我们通过文献的整理也得出同样的结论，正如表1-2所示。

表1-2　知识、态度、行为之间相关关系的冲突观点

	正相关		
	高度且显著相关	微弱但显著相关	相关关系不显著
知识-态度	Alkaher & Goldman (2018) Esa (2010) Genc & Akilli (2016) Goldman, et al. (2017) Murphy (2002) DeWaters & Powers (2011)	Chu, et al. (2007) Liu, et al. (2015) Lee, et al. (2015) Pe'er, et al. (2007) Yavetz, et al. (2009)	Fah & Sirisena (2014) Tuncer, et al. (2009)
知识-行为	Alkaher & Goldman (2018) Genc & Akilli (2016) Goldman, et al. (2017) Murphy (2002)	Arnon, et al. (2014) Chu, et al. (2007) DeWaters & Powers (2011) Esa (2010) Liu, et al. (2015) Lee, et al. (2015) Pe'er, et al. (2007)	Fah & Sirisena (2014) Negev, et al. (2008) Yavetz, et al. (2009)
态度-行为	Alkaher & Goldman (2018) Arnon, et al. (2014) Chu, et al. (2007) DeWaters & Powers (2011) Genc & Akilli (2016) Goldman, et al. (2017) Liu, et al. (2015) Lee, et al. (2015) Negev, et al. (2008) Pe'er, et al. (2007) Yavetz, et al. (2009) Murphy (2002)	Esa (2010) Fah & Sirisena (2014)	

影响能源意识的因素包括内在因素及外部环境因素。培养具有能源意识的公民是能源教育的目标，其最终体现在行为层面。因此影响能源意识的内在因素往往是能源认知领域、情感领域对行为领域的影响(包括方向路径、作用效果、调节机理等)。比如，以消费购买行为为例，Choi & Johnson (2019)针对绿色产品购买行为进行研究时发现，行为主体的环保知识、环保关注程度、冒险精神以及享乐动机均会对其购买绿色产品行为产生影响。Thøgersen 等 (2012)在研究消费者绿色购买决策时发现，绿色产品的特有标识并不会显著影响消费者的购买决策，而产品本身价格、经营成本以及其绿色环保意识对其购买行为产生了显著影响。研究人员在不同方面的调查研究中发现能源知识和态度或多或少会对行为产生影响。其中，学者论证出学生通过教育会形成更高的环保倾向，进而激发更好的亲环境行为(Chakraborty, et al., 2017)，公众的节能态度对于节能行为有直接的显著影响(Brounen, et al., 2013)，而能源知识与节能态度两方面并不呈正相关，且由于公众对于能源问题的误解，能源知识增加不能有效促进节能行为(Cotton et al., 2016)。此外，在部分针对绿色购买行为的研究中，研究人员发现消费者在购买行为发生前所表达的积极意愿与最后实际发生的购买行为存在明显差距，而自身对环境的关注也很少将其转化为实际的绿色购买行为，因此这也在一定程度上说明了环保方面或节能方面的积极意愿并不总是能够转化成节能行为(Joshi & Rahman, 2015)。

纵观近些年对能源意识的研究，可以发现，影响能源意识的外部环境因素主要包括能源教育和社会人口因素。欧庭宇 (2016)认为能源教育的目的是使受教育者能够积极地关心能源及环境问题，增强关于能源的思想意识，掌握能源的基本概念，清楚认识能源的有限性和节约能源的必要性，树立节约能源观念。黄晓华 (2012)从初中物理教学的角度出发，认为教师应将能源知识巧妙地渗透到课堂中，为学生灌输节能意识，注重学生情感态度以及价值观的达成，引导学生在日常生活中注重新能源的使用与开发。当然，许多学者也积极通过实证旨在证明环境能源教育对能源意识的促进作用。例如，Bodzin 等(2013)采用前后测验、对照组实验设计，定量考察地理课程方法对中学生能源意识的促进作用，实证发现以能源资源空间性质为重点的学习活动可以提高城市中学生的能源意识。其他学者也采取了类似的前后测验对比、对照组实验探索了正式环境教育或非正式环境教育(青年运动、暑期夏令营、志愿活动等)的影响(Hsu，2004；Erdogan，2015；Goldman，et al.，2017；Braun，et al.，2018)。

至于社会人口因素方面，学者们认为年龄、性别、受教育程度(包括自身及父母)、地域、学科专业等是影响能源意识的主要因素。当然，以往的研究结果往往是混合的，某一因素对能源意识的认知、情感和行为领域可能存在不同的影响，其在不同的研究中也可能呈现出不同的结果。以性别为例，DeWaters & Powers (2011) 的研究发现性别差异仅在情感领域显著，女性对能源问题表现出更积极的态度和价值观。而 Chen 等(2015)在其研究中则发现性别差异仅在行为领域不显著，男性对能源知识更了解，女性持有更积极的能源态度。Lee 等(2017)在调查台湾职业高中生节能减排意识时发现，虽然女生的能源知识水平和情感水平高于男生，但能源意识的三个维度均不存在显著的性别差异。表 1-3 整理了部分以往研究成果中选取的影响因素，从表中可以更直观地感受学者们矛盾的研究发现。

表 1-3　以往研究成果中选取的影响因素对认知、情感、行为领域的影响

影响因素	认知领域	情感领域	行为领域
性别	Al-Dajeh (2012) [ns] Alkaher & Goldman (2018) [M] Alp, et al. (2008) [F] Chu, et al. (2007) [M] Levine & Strube (2012) [M] Lin & Shi (2014) [F]	Al-Dajeh (2012) [ns] Alp, et al. (2008) [F] Chu, et al. (2007) [M]； Larson, et al. (2010) [ns] Lin & Shi (2014) [F]	Alp, et al. (2008) [F] Chu, et al. (2007) [M] Casaló & Escario (2018) [F] Levy, et al. (2016) [ns] Lin & Shi (2014) [F]

续表

影响因素	认知领域	情感领域	行为领域
年龄（年级）	Al-Dajeh (2012) ns Arnon, et al. (2014) ns Levine & Strube (2012) ↑	Al-Dajeh (2012) ns Arnon, et al. (2014) Mixed Levine & Strube (2012) ↑	Arnon, et al. (2014) ↑ Casaló & Escario (2018) ↑
地域	Braun, et al. (2018) R GBADAMOSI (2018) ns	Braun, et al. (2018) R Fah & Sirisena (2014) U GBADAMOSI (2018) ns	Braun, et al. (2018) U GBADAMOSI (2018) U
受教育程度	Al-Dajeh (2012) ns Alkaher & Goldman (2018) ↑ Levy, et al. (2016) Mixed	Al-Dajeh (2012) ns Levy, et al. (2016) ns	Alkaher & Goldman (2018) s Casaló & Escario (2018) s Levy, et al. (2016) ns
父母教育水平	Alp, et al. (2008) ↑ Chu, et al. (2007) ↑ Lin & Shi (2014) ↑	Chu, et al. (2007) ↑ Lin & Shi (2014) ↑	Chu, et al. (2007) ↑ Lin & Shi (2014) ↑
学科专业	Arnon, et al. (2014) s Goldman, et al. (2014) Mixed	Alkaher & Goldman (2018) s Arnon, et al. (2014) Mixed	Arnon, et al. (2014) ns Goldman, et al. (2014) Mixed
环境能源教育	Hashimotomartell, et al. (2012) s Hsu (2004) s Krnel (2009) s Lin & Shi (2014) ns	Hsu (2004) s Larson, et al. (2010) s Lin & Shi (2014) ns Zsóka, et al. (2013) s	Hsu (2004) s Krnel (2009) ns Lin & Shi (2014) ns Zsóka, et al. (2013) s

注：上标s代表差异统计学显著；ns代表差异统计学不显著；↑代表正向显著关系；F代表女性得分更高；M代表男性得分更高；U代表城镇得分更高；R代表农村得分更高；Mixed代表结果是混合的。

1.2.3 大学生能源意识相关研究

在中国目前能源消费结构不合理的现状下，增强大学生的能源意识就显得尤为重要。而各高校作为大学生接受教育的主要场所，对于提高大学生能源意识起到了至关重要的作用。高校必须重视大学生能源意识的教育，开展能源教育相关活动，普及能源知识，让能源价值观扎根大学生思想，进而培养大学生的节约能源行为。提高大学生能源意识是推动能源消费结构改革的必经之路，也是推动国民能源意识水平整体提升的关键环节。同时有利于构建节能环保型社会，推动生态文明建设，促进大学生的全面发展及综合素质的整体提升。

至于大学生能源意识水平如何，各位学者提出的观点大致相同。陈一睿和张朝雄（2006）提出当今大学生的节能意识水平处于一般的水平，并呈现出"知"强"行"弱的不对称性。虽然大学生对节能有了较强的认知，但是在行为表现上却不尽如人意。因此高校应积极利用多种途径，对在校大学生进行节能宣传教育，提高他们的能源忧患意识、节约意识和节能技巧。王效华和陈俊塔（2007）认为当代大学生有一定的能源资源的紧张意识和节能意识水平，但其节能行为与节能意识有一定的差异，表现为行为落后于意识。黄云凤等(2011)提出当代大学生有较强的节能意识，但节能行为相对薄弱，且大学生在宿舍和教室的节能减排意识与行为差异较大。张玉等(2017)也发现节能意识和节能行为存在差异性。一方面，大学生群体的节能意识水平较强，对现阶段能源资源紧张程度有一定认识，对未来能源发展有一定责任感，但对节能概念的熟悉度一般；另一方面，大部分高校学生能认识到节能重要性，但行动力不足。

大学在影响学生的亲环境行为方面发挥着重要作用(Chakraborty, et al., 2017)，要提升大学生节能意识，高校必须对大学生进行能源意识教育。Arnon 等(2014) 认为在高校学生中逐渐灌输知识、价值观和态度十分必要，高等教育机构应意识到它们在促进全球环境能源意识方面的关键作用和责任。Goldman 等(2014)提出教育是实现可持续发展和创造能源意识社会的关键因素，教师则是教育制度变革的关键因素，所以其探讨了师范院校环境相关专业的大学生和其他专业学生的差异，认为高校有必要重新确定科学的学科方向，使之包括全面的环境能源知识，并注入环境价值教育，培养出具有环境能源意识的未来教师。胡娓莎和关影霞（2009)则提出要从政府建设节能的大环境和高校教育两个方面提高大学生节能意识。唐刚（2010）认为要加强高校节能减排教育工作，开展节能宣传，开展大学生节能实践活动，将节能教育引进课堂，学校驱动与学生参与。靳元（2011）认为当下大学生虽然普遍具备基本的节能意识和知识，但仍未达到大学生应具备的高度，存在重视程度不足、认识宽度狭窄、行为能力不高等问题。鉴于此，高校还需进一步全方位寻找有效措施帮助提升大学生节能意识和能力，诸如完善课程设置、丰富绿色活动、规范低碳行为等。张智清（2016）提出高校是节能减排教育的重要载体，高校大学生是节能减排实践的主力军，具有很强的可塑性。

对于高校如何对大学生进行能源教育，余晓平和张礼建（2008）认为大学素质教育中能源效率意识的培养重点包含五个方面：在思想政治素质教育过程中培养社会责任、在身心素质教育过程中养成自律意识、在文化素质教育过程中形成知识体系、在业务素质教育过程中确立价值取向、在创新(创业)素质教育过程中体现实践能力。高校应该利用自身的社会地位和社会影响，鼓励大学生结合科学常识和自身的专业知识，通过开展宣传和教育项目，提升大学生能源意识。包妍等(2012)提出适用于高校的节能教育方式：增强大学生面对能源危机的主人翁责任感，理论与实践教学中注意言传身教，着重在教研和科研领域对学生进行节能教育，开展以节能为主题的校园活动。Chen et al.（2013）提出“可持续社会的公民责任”和“低碳生活方式”是最重要的能源教育目标，应该在结合能源素养和碳能力概念的基础上建立能源教育框架。在大学生节能教育路径方面，何纯正（2015）认为应从系统性认识高校“节能教育”的内涵和外延概念，要建立引导大学生的自主节能教育机制，要激励性助推大学生节能科技创新教育，要全员性建构高校节能教育事业。杨茂和张高俊（2017）认为能源教育的内容包含人文、技术和环境三个方面，并提出将能源教育融入大学生“非一课堂”，将节能理念融入大学生社会责任感教育，用能源教育理念指导大学生构建新的生活方式，积极开展科学用能宣传工作的建议。

相关制度建设有助于提升大学生能源意识。李忠安和张博强(2013)在研究大学生生态意识教育发展路径时提出，生态意识教育是从内部帮助大学生树立人与自然和谐相处的理念，而法制建设则是从外部保证这种理念思想体现在行动上。这一观点同样适用于大学生能源意识的培养与提升上，能源教育立法的完善将有利于提高公众节约能源的意识(吕洪涛，2013)。虽然我国能源法制体系初步形成，颁布了《节约能源法》《电力法》等单行能源相关法律以及相关节能行政法规、国际协定条约等，但目前我国在能源法制建设方面依旧很滞后、不完善，存在不全面、不成体系、可操作性不强、监管制度不完善等问题。为此，首先是要进一步完善法制，把与能源消费相关的问题全面纳入法制框架之中，提高违法惩治力度；其次是要加强与能源意识相关的法制宣传，使其深入人心；最后是加大能源消费排放的执法力度，要加强与能源环保部门的合作沟通，使能源保护真正落到实处。

大学生能源意识的提升在一定程度上可依赖“互联网+”等技术。Uzunboylu 等(2009)；李忠安、张博强(2013)通过调查发现集合使用移动通信技术、数据服务和多媒体信息系统可以提高大学生对于移动技术的使用，并能提高其能源意识。

此外，其他主体如企业、社会公众的能源意识分析，也为本书大学生能源意识评价提供借鉴。在企业能源意识方面，Zsóka (2008)在研究匈牙利企业环境行为的一致性和“意识差距”时发现，知识是亲环境行为的必要但不是充分的先决条件，积极的态度和行动意愿的影响更为重要，理解意识组成部分差距的本质可以更好地帮助企业运营。刘亦红(2013)认为对企业而言，强烈的可持续发展意识、较大的技改投资补贴力度、较好的利率优惠政策、自主技术创新或者引进外来先进技术，都可以增强企业发展的意愿，提高企业发展新能源产业的机会收益，从而推动新能源产业的发展。产品技术研发是企业能源意识的体现。在社会公众能源意识方面，李苏秀和刘颖琦 (2017)提出公众新能源意识存在政策认知、技术与产品认知、环境价值认知三个方面的缺口。

1.2.4 文献评述

改革开放以来，中国经济快速发展，能源消费量随之不断攀升，2010年中国成为世界上最大的能源消费国。“十二五”期间我国政府出台了一系列节能减排和保护环境的政策，能源消费量得到有效控制并持续下降。目前我国的一次能源结构以煤炭为主，虽然近年来风电、光伏等可再生能源快速发展，对天然气的利用也有所增加，但煤炭消费在能源结构中比重依然最高。在环保高压之下，未来煤炭消费增速将逐渐放缓，而煤炭产能依然过剩。能源问题深深影响着我国生态文明的建设，能源问题带来的巨大挑战不仅仅依赖国家的宏观规划方针，更需要所有个体的亲身实践，从“节流”一方解决能源问题。

就主体而言，大学生作为未来共产主义接班人这一特殊群体，肩负着中国社会主义建设的重要责任。然而，教育大学生树立能源意识有着至关重要的意义，也面临着巨大的困难。就时间而言，中国仍处于中国社会主义现代化建设时期，能源供需结构不合理，能源开发相对落后，而能源浪费现象普遍。大学生正处于接受教育、树立价值观的时期，提高能源意识对祖国未来的发展走向起着重要作用。

从这一视角出发，思考如何提高大学生的能源意识与其对绿色发展有益行为的执行程度，即探究什么因素能够解释不同大学生个体所反映的对于节能减排、绿色发展践行程度的差异，对于政策的制定具有重要意义。

纵观以上文献，我们得到以下结论：

(1)虽然学者们对于能源意识概念框架持细微不同的看法，但研究普遍认为知识、态度、行为是能源意识的重要维度；

(2)结合能源意识框架及“知信行”认知规律的能源意识研究，国外居多，国内研究偏少；

(3)对于能源意识、节能环保方面的研究，随着国家的重视而逐步深入，研究内容不断丰富，研究成果也颇为显著，但国内能源意识及行为领域的研究依旧缺乏，对其研究力度不足，研究范围也不全面；

(4)因国家社会背景的差异、调查群体的差异，不同学者测度的能源意识水平结果往往有差异，但国内大学生能源意识调查普遍认为大学生能源意识存在“知”强“行”弱的不对称性；

(5)对于能源意识框架中知识、态度和行为之间关系的研究结果，以及能源意识内在和外部影响因素研究结果均存在着相互矛盾的发现。因此，大学生能源意识的知识、态度和行为之间的关系、能源意识内在领域影响机理以及外部因素影响情况均需要进步一研究；

(6)目前，国内专家学者对提升国民能源意识也提出了一系列措施，主要是从教育机构着手，国家施以政策支持。

上述已有研究对笔者研究大学生能源意识具有十分重要的指导意义。但就大学生能源意识调查而言，仍然有很大的改进空间，主要包括以下两个方面：大学生能源意识的定量评价(评估模型构建和分析)；大学生能源意识的影响因素分析。

1.3 研究思路与方法

1.3.1 研究思路

本书是关于全国大学生能源意识的专门调查研究，在国内尚数首次。因此，项目组在正式展开调研之前，进行了大量调查准备工作。首先进行大量文献、书籍研究，研究国外环境素养、能源素养等相关文献，学习国内环境保护、生态文明意识调查经验，以研讨会、专业指导等形式多方面交流探讨、征集意见，制订了相应的研究技术路线；其次进行试调查，通过试调查的反馈结果进一步完善调查方案。具体研究思路包括研讨、征求意见、文献研究、建立评价指标体系、设计调查问卷、试调查、确定调查方案、全国范围调查、调查督导、问卷回收、数据录入、质量核查、分析研究、撰写报告、成果发布等环节。

本书根据目前大学生能源意识缺乏的现状确立研究课题，在综述国内和国外能源意识相关文献的基础上，将能源意识的三个维度命名为知晓度、认同度和践行度，构建全国大学生能源意识评价体系，通过学缘网络，运用滚雪球法对全国大学生开展社会调查，采取综合评价法测算大学生能源意识水平，并构建能源意识理论模型，深入剖析大学生能源意识和行为的作用机理及影响因素，从而分析提炼提高全国大学生能源意识的有效干预政策，为如何有效提高大学生能源意识提供参考(见图1.1)。

1.3.2 研究方法

本研究以全国高校大学生为调研主体，分析评价大学生能源意识。在研究过程中，本书主要采用以下四种研究方法：

1. 问卷调查法

问卷调查法是最常见的一种调查法，它是以书面提出问题的方式收集资料的一种研究方法，即调查者就调查项目编制成表式，分发或邮寄给有关人员，请示填写答案，然后回收整理、统计和研究。

本书针对大学生群体设计调查问卷，采用自我报告法以线上网络调查和线下纸质问卷调查相结合的方式向全国30个省份的150余所高校学生发放问卷。调查于2017年5月正式开始，到2017年10月完成，历时6个月，共回收问卷6693份，全面评估大学生能源意识水平。

2. 文献研究法

文献研究法是根据一定的研究目的或课题，通过调查文献来获得大量研究资料，从而全面地、正确地了解掌握所要研究问题的一种方法。文献研究法被广泛用于各种学科研究中。

本研究项目组通过文献的检索和阅读，收集整理国内和国外能源意

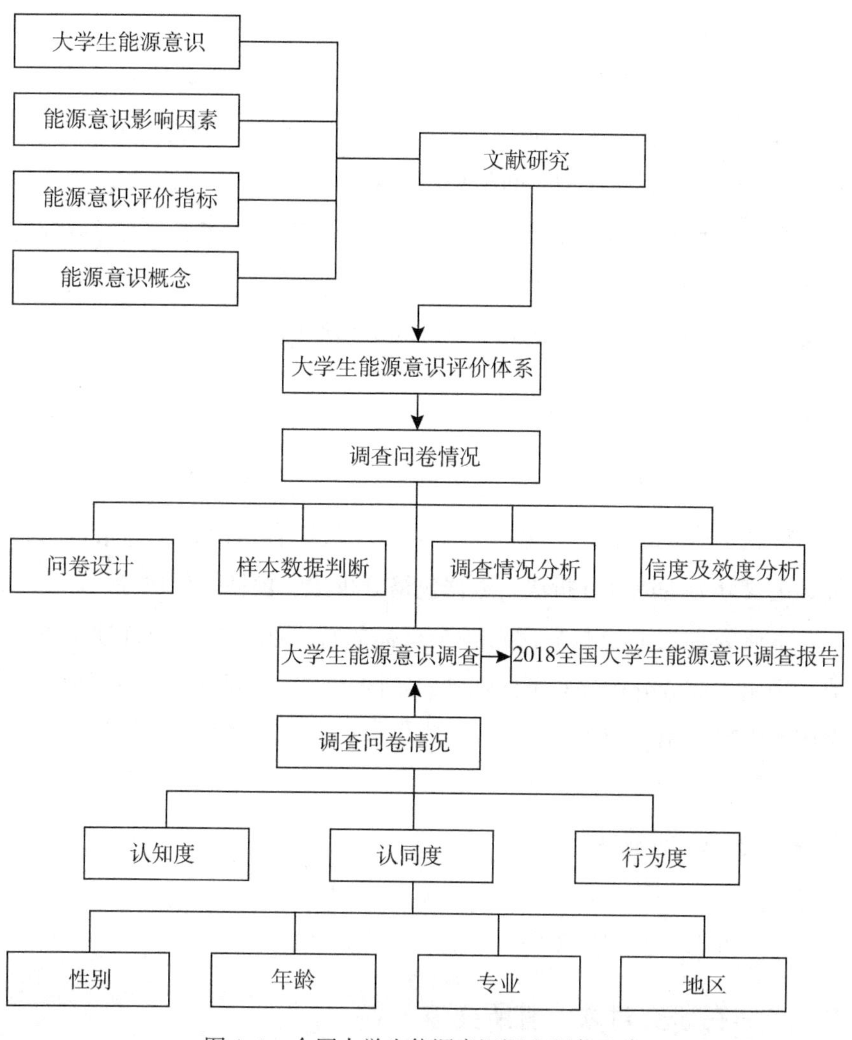

图 1.1 全国大学生能源意识调查研究思路

识研究的学术见解，从能源意识的概念理解、框架测度、维度机理、影响因素等方面获取、梳理已开展的能源意识研究资料，奠定本书的基础，有助于进一步研究的开展。

3. 数学模型法

数学模型是用字母、数字及其他数学符号建立起来的等式或不等式以及图表、图象、框图等描述客观事物的特征及其内在联系的数学结构表达式，研究模型和原型之间的相似关系。

本研究使用结构方程模型来分析有多个潜变量和多观测变量并存的数据内容，分析大学生能源意识认知、情感、行为三个领域的作用机理以及性别、年级、学科、地域等变量的影响作用。

4. 综合评价法

综合评价法是指运用多个指标对多个参评单位进行评价的方法，其基本思想是将多个指标转化为一个能够反映综合情况的指标来进行评价。主要分为主成分分析法、数据包络分析法、模糊评价法等。

本研究通过专家打分法对各个指标的每道题目的各个选项予以赋值，采用主成分分析法对不同性别、不同年级、不同学科、不同地区的全国大学生能源意识进行分析。

1.4 主要创新点

本研究的创新之处主要有两点，具体如下：

1.4.1 在研究对象上有所突破

现有研究尚未有针对大学生群体的全国性能源意识调查，大学生是我国未来现代化建设和生态文明建设的主力军，同时大学生未来也将是社会消费的主要力量，是否选择绿色低碳消费影响重大，因此必须重视大学生能源意识的提高，将绿色能源意识贯穿于高等教育的全过程，让能源意识扎根于大学生思想，进而培养大学生的绿色能源行为。

本书以大学生能源意识调查为切入点，以期在获得当前我国大学生能源意识水平现状及时空差异的基础上，为有关部门大力推进大学生能源教育提供科学依据和针对性对策，为生态文明建设工作的进一步推进指明方向，具有深远意义。

1.4.2 在研究内容上有所创新

为方便对比研究，在评价指标体系构建上，本书采取众多学者认可的能源意识框架(认知领域、情感领域、行为领域)，并结合认知规律，设计"全国大学生能源意识与行为调查问卷"。问卷内容涵盖"能源现状认知、能源消费认知"等认知维度主题，"对绿色能源与绿色发展的情感、倾向"等认同维度主题和"对绿色能源与绿色发展的日常行为、学习行为"等行为维度主题。针对综述中能源意识三维度矛盾研究，我们发现研究我国大学生背景下能源意识维度的相关关系和作用机制的必要性，因此，在研究内容上，本书较为详尽地研究了我国大学生的能源意识。

第2章　大学生能源意识及调查问卷设计

2.1　大学生能源意识内涵及其影响因素

2.1.1　大学生能源意识内涵

能源是支撑一个国家经济健康发展的重要因素之一。目前，全球能源资源有煤炭、石油、天然气等化石能源和水能、风能、太阳能、海洋能等清洁能源，但能源的使用方面以化石能源为主，伴随着能源的开发与利用，环境污染、传统能源紧缺、能源资源浪费以及相关安全挑战等一系列并发症引起全球的高度关注。从20世纪70年代起，美国、英国和日本等许多国家在教育课程改革中积极纳入能源素养、能源意识等相关内容。

相较纯粹的意识概念范畴，能源意识是更深、更细致的一个意识范畴。狭义上说，能源意识是意识主体对能源的认知和认同，不仅涵盖了公民对能源现状和相关能源概念的认知与理解，还涉及了情感层面，即对能源消费和绿色发展的情感认同、节能环保的责任认同，等等。广义上说，能源意识不仅仅局限于认知和认同层面，还包含行为层面的反应，意识产生行为，行为反映意识。我国在能源意识方面的研究起步较晚，各方面的研究尚不成熟。大学生是社会的继任者，大学生的能源意识与未来我国的能源发展密切相关。针对这种情况，本书将重点研究大学生的能源意识的现状。

综上所述，大学生能源意识是一个以大学生能源认知为基础，以大学生能源绿色发展情感倾向为主要内容，以绿色节能减排行为为最终目的的综合概念。一名具有能源意识的大学生应该了解我国目前能源生产消费现状，了解能源生产消费对环境的影响，以及持有积极的能源消费态度，并体现到正确的能源相关决策和行动上。这种有利于生态环境保护的能源利用行为我们称之为能源行为。大学生须认识到，人类改造和利用能源资源存在一定限度，超过之后会使得生态系统遭到破坏从而影响到人类自身的发展，因此，如何将人类活动限制在生态系统可承受的范围之内是实现绿色发展的关键。所谓绿色发展，是以效率、和谐、持续为目标的经济增长和社会发展方式，是为子孙后代考虑保证充足的资源和合适的生活环境的理念，是我国“十三五”规划期间的重要创新定位之一，也是大学生能源意识的核心内容。

2.1.2 大学生能源意识影响因素

研究大学生的个体行为模式能够为分析大学生能源意识提供方向。大学生的个体行为具有以下特征：(1)自发性。大学生的个体行为可因为内在的动力而自动发生，而外在环境因素可以影响个体行为的方向与强度，不能引起个体行为的发生。(2)因果性。大学生的个体行为既可能是上一个行为的结果，也可能是下一个行为的原因，具有因果性。(3)持久性。内在的动机使大学生的个体行为具有目的性，一般情况下，行为会持续到目的达成。(4)可变性。大学生的个体行为可随个体的思想认知、情感、环境等发生变化。

根据大学生的个体行为特征，并结合能源意识影响因素的相关研究，同样地，我们也可以将影响大学生能源意识的因素分为内在因素及外部环境因素两大类。外在因素主要为环境因素，内在因素有大学生个人的价值观、情感、态度、责任等。本书通过文献归纳、实际考察及专家咨询确立了四大影响因素：性别因素、年级因素、专业因素、地区因素。

(1)性别因素。不同性别的大学生在能源资源的认知、情感态度和具体践行层面存在着巨大差异。

(2)年级因素。按照年级不同，本研究的调查划分为本科一年级、本科二年级、本科三年级、本科四年级、硕士研究生、博士研究生，共6类。

(3)专业因素。大学生因学科不同对能源资源的认知能力及认同层面存在差异。因此本研究根据《普通高等学校本科专业目录(2012年)》，将调查的学科类别分为经济类、管理类、法学、文学、历史学、教育学、哲学、理工类、农学、医学、军事学、艺术类。

(4)地区因素。地区差异代表着经济社会发展水平的差异，从而对大学生能源资源意识产生不同影响。

2.2　大学生能源意识评价体系指标构建

2.2.1　大学生能源意识评价体系指标构建原则

在参考国内和国外其他相关研究团队的指标体系的基础上，本项目遵照以下五个原则构建了全国大学生能源消费和绿色发展意识评价指标体系。

1. 科学性原则

作为一个社会调查项目，本研究旨在通过真实可靠的调查数据，运用科学合理的评价指标体系，得到客观准确的结论。本研究在综述国内外能源意识相关文献的基础上，分别从知晓度、认同度、践行度三个维度构建能源意识评价，同时结合性别、年级、学科、地区四项因素设计调查问卷。

2. 完备性原则

指标体系必须能够系统完整地反映。从指标体系设计的技术要求出发，指标体系应完备体现大学生能源意识的基本状况，问卷内容涵盖“中国能源消费总量、来源、价格，能源消费结构，能源消费与环境污染，常规能源与新能源，绿色 GDP，环境友好型社会”等认知维度主题，“情感认同，行为倾向”等认同维度主题和“生活消费行为，学习行为，未来规划”等行为维度主题。

3. 目标导向性原则

评价指标的设立既要能够反映大学生能源消费意识和绿色发展意识的主要方面，也要对大学生的能源消费意识和绿色发展意识具有引导和鼓励作用。大学生作为即将踏入社会的重要青年群体，正处于接受能源消费意识和绿色发展意识的最佳时期之一。大学生具有的节能、环保和绿色发展等意识，能够允诺给未来社会更多的能源与绿色发展前景。

4. 可操作性原则

在构建评价指标体系时遵照可操作性的原则，评价指标需要明确易懂，评价工作方案切实可行。本研究在进行数据收集前，针对我国不同省份地区的高等学校数量及大学生人数的不同，进行了不同地区问卷发放数量指标的设立，在进行数据收集时，采用了纸质问卷与电子问卷同时发放的方式，并结合“滚雪球”的抽样方法进行发放。

5. 定量化原则

评价指标体系中的各项指标都能够量化，标准和规范的量化设计能够使数据更加准确与可靠。本研究通过专家打分法对各个指标的每道题目的各个选项予以赋值，按各题选项所表达态度、程度或行为强度由低(弱)到高(强)分别赋值为 1~5 分。在验证问卷信度和效度从分析的基础上，运用综合评价法测算大学生能源意识各维度得分以及综合得分。

2.2.2 大学生能源意识评价体系指标的确定

基于上述大学生能源意识评价体系指标构建原则，结合人类的“知-信-行”认知规律和现有能源意识框架研究，本项目拟构建的评价体系涉及认知领域、情感领域和行为领域，分别从认知、认同和行为三个维度测算大学生能源意识与行为得分。

能源意识与行为的知晓度：知晓度是大学生能源意识和绿色发展意识形成的基本条件，这里的知晓度为能源消费现状认知和能源概念认知。具体知晓度涉及中国能源消费总量、来源、价格，能源消费结构，能源消费与环境污染，常规能源与新能源，绿色 GDP，环境友好型社会等。

能源意识与行为的认同度：认同度基于知晓度，是践行度的基础，是衔接知晓度与践行度的重要节点。认同度体现了大学生对能源意识与行为的认可度。本研究中，认同度所含指标包含情感认同和行为倾向。具体认同度意为对能源消费的关注，对个体行为的情感，对他人行为的情感，个体节能环保的行为倾向，对他人节能环保的行为倾向。

能源意识与行为的践行度：践行度标志着能源消费意识和绿色发展意识的强化和完善，是指大学生日常生活中与绿色发展有关的消费行为、学习行为及未来发展计划。具体指标有使用新能源的行为，低能耗的行为节约，能源的行为节能环保的责任意识，能源消费与绿色发展课程的选课意愿，提高践行度的方式，学业规划方向的选择等。

2.3 大学学生能源意识问卷结构设计

2.3.1 评价指标编制

本问卷针对全国大学生能源意识与行为进行调查，根据大学生能源意识评价体系，本次研究的调查问卷共设置选择题22道，排序题5道，分别从大学生能源意识的知晓度、认同度和践行度这三个维度对大学生能源意识进行研究(见表2-1)。

表2-1 评价指标与问卷设计

一级指标	二级指标	二级指标的解释
能源意识知晓度	能源消费现状认知	中国能源消费总量、来源、价格 能源消费结构 能源消费与环境污染
	能源概念认知	常规能源与新能源 绿色GDP 环境友好型社会 信息获取渠道
能源意识认同度	情感认同	对能源消费的关注 对个体行为的情感 对他人行为的情感
	行为倾向	个体节能环保的行为倾向 对他人节能环保的行为倾向
能源意识践行度	生活消费行为	使用新能源的行为 低能耗的行为 节约能源的行为 节能环保的责任意识
	学习行为	主动性 能源消费与绿色发展课程的选课意愿 提高践行度的方式 学业规划方向的选择

2.3.2　问卷结构设计

问卷调查法是在社会科学研究中运用设计的问卷向被选取的调查对象了解相关情况的一种方法。问卷调查法具有节省人力、物力，便于定量研究等诸多优点。问卷通常包括卷首语、问题及回答的选项、预编码、结束语等内容，本调查研究问卷多采用李克特量表式和多重选择式提问方法：

1. 卷首语

本问卷的封面语如下："亲爱的同学：你好！我们是来自中国地质大学(武汉)的'全国大学生能源意识与行为调查'课题研究小组，正在开展网上问卷调查。本次调查的主要目的是了解大学生对能源消费的态度和绿色发展观念。非常感谢你能抽出宝贵的时间参与我们的调查。本问卷采取匿名调查的方式，希望能得到你真实的想法。真诚地感谢你的参与和支持，谢谢!"

2. 问题及选项

这部分内容主要包括被选取的调查者的基本情况：性别、就读的大学、家乡所在地(省)、学科门类、年级等内容；大学生能源意识的知晓度，认同度，践行度。见附录二。

2.4　问卷发放及回收情况

2.4.1　抽样方法

本次调查的地域范围广，目标群体是全国大学在读本科生、硕士研究生、博士研究生，若在全国范围内进行概率抽样不仅耗时费力，调查的成本还非常高。基于此，本研究小组采用"滚雪球"抽样方法，即在校大学生通过本校及初高中学缘关系以层层抽样的方式不断扩大样本的覆盖范围，并随着样本量的扩大不断消减受访者之间的相似性，并逐渐提高抽样过程的随机性，使数据更充分地体现调查总体的特征。"滚雪球"抽样法采用线索触发的方式进行抽样，即第一次采取概率抽样的方式随机选择第一批受访者，第一批受访者再推荐同伴为第二批受访者，并对第二批受访者进行调查，逐次抽取并组织样本，并最终组成全国范围内的大学生样本。对于"滚雪球"法相比随机抽样存在一定的总体参数估计和推断偏差的问题，本研究在第一轮样本捕获时重点考虑了地域、学科分布情况，可视作并发多样本抽样。

调查问卷预发放时，项目组成员针对参与调查的同学进行了相关建议的收集和整理。大部分同学反映了"问卷语言过于专业化""问卷题目数量偏大"等问题。因此，小组成员将调查问卷的表述等进行相应的调整，以减轻受访者的心理负担，方便填写。

2.4.2 预调查

抽取中国地质大学(武汉)学生作为预调查对象，在选取受众上，小组成员注意选取一定特征的受众，使被调查者在性别、年级、家乡所在地等基本信息上分布呈现较为均衡的态势(见表2-2)。另外，为了使因素分析的结果可靠，专家认为被试样本数要比量表题项多，有专家建议其比例是5∶1，另外被试总样本不得少于100人，本次预调查通过网络电子问卷发放，剔除中国地质大学(武汉)以外的填写者，共得到120份问卷样本。

表2-2　　预调查中受访者分布

角度	选项	频数	百分比(%)
性别	男	66	55.00
	女	54	45.00

续表

角度	选项	频数	百分比(%)
年级	大一	32	26.70
	大二	49	40.83
	大三	23	19.17
	大四	16	13.33
学科门类	文科	25	20.83
	理科	60	50.00
	非文非理类	35	29.17
合计		120	100

随后对预调查样本进行信效度分析以评估指标体系。信度分析又称可靠性分析，是一种度量综合评价体系是否具有一定的稳定性和可靠性的有效分析方法。运用 SPSS 软件对预调查样本进行信度检验，结果显示 Cronbach'α 系数为 0.809>0.8，表明该评价指标具有较高的信度。

效度分析则是检验这些变量的相关性程度，考察量表是否能够测量出量表设计时所假设的基本结构。运用 SPSS 软件对预调查样本进行效度检验，如果 KMO 值大于 0.8，表明效度非常高。预调查结果显示 KMO 值为 0.823，Bartlett 球形检验显著性为 0，该评价指标体系题项间共同因素存在，评价指标体系效度良好，适合做因子分析。

2.4.3　问卷回收

本问卷从 2017 年 5 月开始正式发放，形式有纸质问卷和电子问卷，到 2017 年 10 月完成，历时 6 个月。以“全国大学生能源意识与行为”为调查内容，调查涉及全国除西藏、港、澳、台以外的 30 个省(直辖市、自治区)共 150 余所大学，包含一流大学建设高校、一流学科建设高校和其他高校，共回收问卷 6693 份。根据数据核查要求，剔除无效问卷 312 份，得到最终有效问卷 6381 份，问卷有效率为 95.34%(见表 2-3)。

表 2-3 **无效问卷分布情况**

无效类别	具体原因	无效问卷数
受访者信息无效	个人信息不全	163
未按问卷指示题项填答	问答情况不一致	21
问卷答案重复	答案数据相同或 IP 地址相同	117
所勾选选项一致	勾选选项皆为同一个	11

对受访者样本的基本信息描述性统计分析表明，男女性别比例大致呈现 1∶1 的均衡比例；学科类别中理工类的受访者所占比例最大，为 35.70%，其次是管理类、经济类和文学类的受访者，均占 10%以上的比例；年级分布以本科一年级和本科二年级为主，分别占比 35.23%和 27.22%，硕士研究生占比 1.96%，博士研究生占比 0.58%（见表 2-4）。

表 2-4 **样本基本情况分析表**

	问卷数	占比(%)
性别		
男	3241	50.79
女	3140	49.21
学科分类		
经济类	747	11.71
管理学	1042	16.33
法学	184	2.88
文学	650	10.19
历史学	381	5.97
教育学	239	3.75
哲学	240	3.76

续表

	问卷数	占比(%)
理工类	2278	35.70
农学	64	1.00
医学	357	5.59
军事学	24	0.38
艺术	175	2.74
年级		
本科一年级	2248	35.23
本科二年级	1737	27.22
本科三年级	1578	24.73
本科四年级	656	10.28
硕士研究生	125	1.96
博士研究生	37	0.58

在后续分析中，将学科类别划分为“经济管理类”“文史哲类”“理工农医类”三大类别，其中“经济管理类”包括经济学和管理学学科，文史哲类包括法学、文学、历史学、教育学、哲学和艺术学科，“理工农医类”包括理学、工学、农学和医学学科。经济管理类、文史哲类与理工农医类大致呈现3∶3∶4的比例。将年级划分为“高年级”“低年级”两大类别，其中“高年级”包括大三、大四及硕士、博士研究生，“低年级”包括大一、大二。从样本区域分布来看，东部地区2837份，中部地区2469份，西部地区1075份，基本达到了按区域分层的要求。湖北、山东、河北依次为受访者家乡所在地最多的省份。东部、中部、西部省份的大学生分布呈现为东部、中部、西部逐渐递减的趋势，这主要与问卷发放省份高校数量有关。综上所述，本次大学生问卷发放基本实现了受访者分布均衡的目标，有利于接下来研究的开展(见表2-5)。

表 2-5 样本基本情况分析表

	问卷数	占比(%)
区域		
东部地区	2837	44.46
中部地区	2469	38.69
西部地区	1075	16.85
学科		
经济管理类	1789	28.04
文史哲类	1869	29.29
理工农医类	2723	42.67
年级		
高年级	3985	62.45
低年级	2396	37.55

2.5 本章小结

本章主要从全国大学生能源意识调查的内涵、影响因素、评价指标设计、问卷设计、问卷发放及回收这五个方面进行介绍。在大学生能源意识的内涵中，本研究结合能源意识内涵及大学生个体行为特征进行阐述，并分析了大学生能源意识及影响因素；在构建评价指标体系中，本着科学性、完备性、目标导向性、可操作性、定量化五大原则，沿用能源意识概念框架，结合“知信行”认知规律进行设计。同时，从一级指标出发，构建二级指标并对二级指标进行解释，进而编制了“全国大学生能源意识与行为”问卷。采用“滚雪球”抽样方法，在全国150余所高校利用学缘关系进行发放，共回收问卷6693份，剔除无效问卷312份，最终得到有效问卷6381份。

第3章　大学生能源意识的知晓度

大学生对于能源环境的认知是衡量大学生能源意识的重要指标。本研究向全国除西藏和港澳台地区的30个省市及自治区的150余所大学的在校学生发放并收回有效调查问卷6381份，在此次的问卷设计中，分别从对能源概念认知以及能源消费现状认知两方面调查全国大学生能源意识的认知程度，共设置了8个题目(其中绿色能源与绿色发展概念知识的了解研究设置3个问题，能源消费和绿色发展现状认知设置5个问题)每道题目分别设置五个认同度由强到弱的选项。内容主要涉及对常规能源和新能源的分类、对“绿色GDP”“环境友好型社会”等概念的了解及对能源消费的观点等方面。

为了更直观地衡量大学生群体能源意识的认知程度，对知晓度8个题目进行赋分，设定总分值为5分(见表3-1)。

表3-1　**大学生能源意识知晓度赋分表格**

题目类别	题号	赋分内容				
对绿色能源与绿色发展概念知识的了解	1~3	完全知道	基本知道	一般	不太知道	完全不知道
		5	4	3	2	1
对能源消费和绿色发展现状的认知	4~8	完全同意	基本同意	一般	不太同意	完全不同意
		5	4	3	2	1

用各个题目的分值乘以其认知比例并求和，可得大学生的总体能源

意识的知晓度的得分为 68.78 分。可见，大学生群体对于能源消费现状、能源相关知识和日常能源意识的知晓度偏低。

3.1 大学生能源概念认知的评价结果

3.1.1 大学生对能源种类知识的认知程度整体较好

改革开放 40 多年来，我国能源行业发生巨变，取得了举世瞩目的成就，能源生产和消费总量跃升世界首位，能源基础设施建设突飞猛进；但煤炭等化石能源一直占据我国能源生产与消费的主要位置，中国正在致力于能源结构的转型与优化，清洁能源消费比重持续提升，清洁能源生产消费总量位居世界第一；在能源消费结构持续优化的背景下，本研究针对大学生对于传统能源与新能源的区分问题展开探讨。具体知晓度情况如图 3.1 所示。

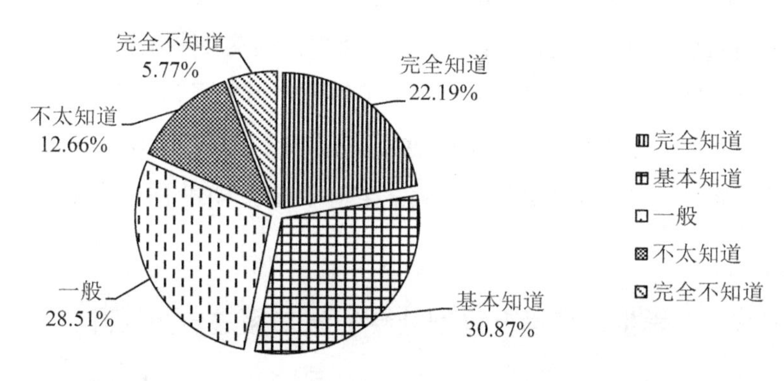

图 3.1 大学生对常规能源和新能源的区分度分布

从数据中可以看出，有超过半数(53.06%)的大学生知道哪些能源是常规能源，哪些能源是新能源，这说明大学生对于能源种类的区分知识总体上掌握良好。但是也有部分(46.94%)大学生对于常规能源与新能源的区分仍不够明确，甚至还有 5.77% 的同学完全不了解常规能源和新能源。造成这一现象的原因可能是初等教育的影响，能源种类知识是能源概念知识的基础，相关教育宣传应从小学就普及，高等教育普遍认为大学生应该早就了解这些基础知识，所以高校在这方面知识的再加深存在些许欠缺。常规能源目前已经得到了大规模应用，对环境造成极大压力且面临着即将枯竭的困境，而新能源大多数是可再生能源，资源较为丰富，并且分布广阔，相对于常规能源更具有持续性。只有更深地了解常规能源与新能源的区别，才能在日常生活中更注意清洁能源的使用和低碳减排，提升自身的能源意识。

3.1.2　大学生对绿色 GDP 的了解甚少

绿色 GDP 是综合环境经济核算体系中的核心指标，是指一个国家或地区在考虑了自然资源与环境因素之后经济活动的最终成果，是在现有 GDP 的基础上计算出来的。GDP 是反映经济发展的重要宏观经济指标，但是它没有反映经济发展对资源环境所产生的负面影响。但是绿色 GDP 是在 GDP 的基础上，扣除经济发展所引起的资源耗减成本和环境损失的代价。因此，绿色 GDP 能够作为衡量经济可持续发展的指标之一。

从本题调查结果可以发现，完全了解或者基本了解绿色 GDP 概念的大学生仅占总调查人数的 40.32%，而有 25.98%的大学生了解甚少甚至完全不了解，这说明总体上大学生对于绿色 GDP 的概念了解较少(见图 3.2)。

3.1.3　大学生对环境友好型社会的认知需进一步提升

环境友好型社会作为一种新型的社会形态，要求在经济发展的同时能够实现人与自然和谐共生，其核心内涵是人类的生产与消费活动与自然生态系统协调可持续发展。社会在建设过程中，要考虑到环境承载能力，不能违背自然规律。通过问卷调查可以发现，超过半数(54.22%)的调查对象了解或者基本了解“环境友好型社会”的相关概念，但也有接近半数(45.78%)的调查对象不太了解“环境友好型社会”的内涵与意

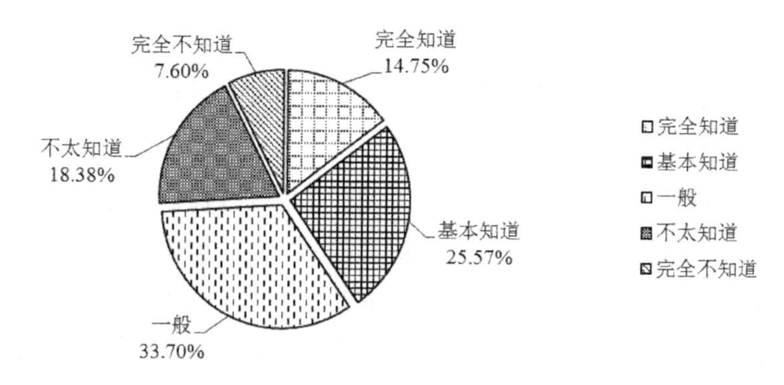

图 3.2 大学生对“绿色 GDP”知晓度分布

义，大学生对于环境友好型社会的理解停留在浅层，对其的认知需要进一步加深(见图 3.3)。

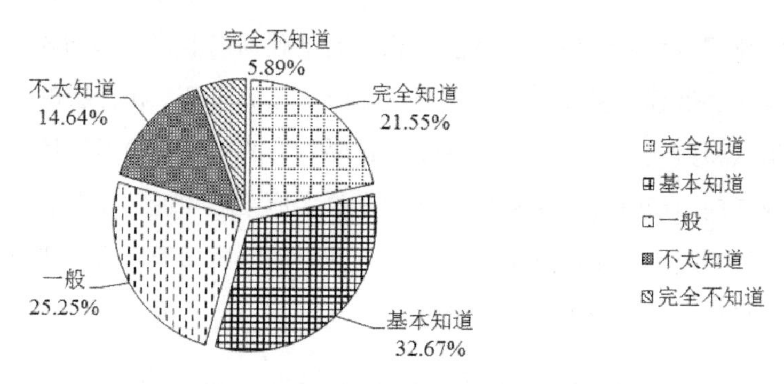

图 3.3 大学生对“环境友好型社会”知晓度分布

显然，在对大学生能源概念的认知调查中，大学生对能源分类等知识知晓度相对较高，而对“绿色 GDP”“环境友好型社会”等相关概念知晓度较低。“绿色 GDP”“环境友好型社会”都是近几年来提出的生态热词，也是了解能源现状及发展能源环境的必要知识储备。调查结果显示大部分大学生对能源环境相关概念有一定知晓度，但其对这些概念的知晓度大比例集中于“较为了解”和“一般了解”之间，说明能源和生态的相关概念在大多数大学生心目中还是一个较为模糊的状态。

产生这一结果的原因可能来自家庭、教育和社会三个方面。在日常生活中，若家庭成员普遍在能源意识和能源相关知识方面存在空白，则大学生在能源相关知识方面有缺失的环境下成长，得不到观念的实时灌输，自然而然地形成了能源知识的空缺；在学校教育中，对相关知识的传授也有一定程度的缺失，公民对能源问题的关注和认知程度是能源意识的形成过程中不可缺少的一部分，而在如今程序化的教育体系下，对能源相关知识的关注逐渐被淡化；在社会影响中，随着能源问题不断地被提出并加以重视，社会的关注点多在于能源如何分类、如何保护能源及对能源的通俗理解上，而跟随能源问题一同提出的根源、相关政策和专业词汇却因较为晦涩而缺乏普及性，使得大众尤其是知识储备不够的大学生对于能源的理解仅停留在浅层。

上述境况下，我们也应从教育和社会等角度来思考应对措施。在家庭和学校等教育环境中，需从能源相关的基础知识上着手和加强，如学校增设相关课程和讲座，开展家庭式交流学习活动等。在社会的大环境下，信息和舆论是两个对大众观念有重要影响的因素，通过媒体、网络平台或活动组织宣传等多种渠道使大众更多地接触和理解能源相关的更具专业性的概念知识，帮助大众形成更具象的能源意识，进而借助舆论进行更加广泛和普遍的传播。

3.1.4 大学生对于能源信息的获取渠道以线上为主

能源意识教育首先是能源知识的教育与传输，大学生群体有其特殊的知识获取偏好，了解其获取能源信息的途径有助于能源教育的开展，提高教育效果。问卷第23题对五种渠道进行了排序，旨在了解大学生能源知识获取渠道的偏好，数据采用选项平均综合赋分计算，得分越高，综合排序越靠前，如图3.4所示。

计算公式为：

$$选项平均综合得分 = \frac{\sum 频数 \times 权值}{本题填写人次}$$

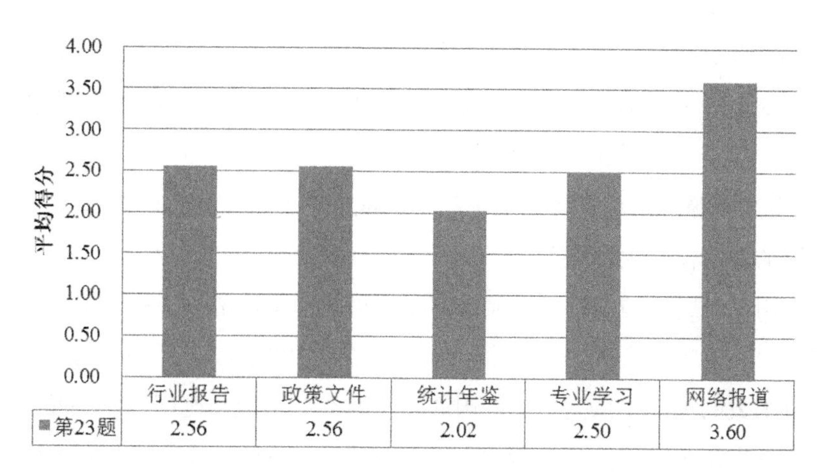

图 3.4 能源信息的获取途径

网络报道的综合排序得分最高，为 3.60 分；其次是行业报告与政策文件，均为 2.56 分；然后是专业学习，为 2.50 分；最后是统计年鉴，为 2.02 分。行业报告、政策文件与专业学习、统计年鉴几种能源知识获取途径在大学生看来处于差不多重要的地位，大学生认为在系统获取能源基础知识、能源政策方向、能源产业发展动态等研究性知识时，专业化的知识获取渠道必不可少。在众多能源信息获取渠道中，网络报道排在最重要的地位，近几十年来网络媒体迅速发展，互联网媒体已经成为大学生获取知识信息的最主要途径之一。大学生群体的能源教育，应重视线上渠道的宣传推广，但网络教育依旧存在诸多问题，高校应结合专业化教育渠道进行有效引导。

3.2 大学生能源消费现状认知的评价结果

3.2.1 大学生对中国能源消费现状的认知比较清晰

能源消费是指生产和生活所消耗的能源。能源消费按人平均的占有量是衡量一个国家经济发展和人民生活水平的重要标志。人均能耗越大，国民生产总值就越大，社会也就越富裕。在发达国家里，能源消费强度变化与工业化进程密切相关。为了调查大学生对中国能源消费现状的认知状况，在问卷调查中设置了中国能源消费现状的几个问题，分别为"中国能源消费总量增长很快""中国能源消费越来越依赖进口""中国能源消费价格不太合理"。

图 3.5 所示的调查结果显示，在能源消费总量增长很快、越来越依赖进口、价格不合理等观点中，仅有不超过 10%的人持完全否定态度，超过半数的大学生认为目前中国的能源消费总量增长速度过快，近一半的大学生认为目前能源消费的价格不合理，这说明大部分学生对中国能源消费现状有比较清晰的认知。

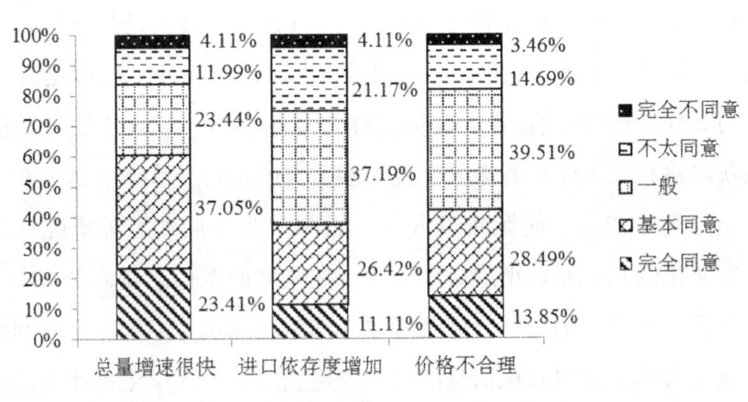

图 3.5 大学生对中国能源消费总量的观点分布

3.2.2 大学生对能源消费与环境污染的关系认知明确

新能源又称非常规能源，是传统能源之外的各种能源形式，一般指刚刚开始开发利用或正在积极研究、有待推广的能源，如太阳能、地热能、风能、海洋能、生物质能和核聚变能等。化石能源在消耗的过程中终将走向枯竭，新能源作为可再生能源，是化石能源的替代能源。化石能源的大量开发和利用，是造成大气污染和其他类型环境污染与生态破坏的主要原因之一。新能源最直接的优势就是清洁干净、污染排放物少，是与生态环境相协调的清洁能源。所以，大学生对于新能源消费与能源消费对环境影响的认知是能源意识知晓度的重要组成部分。

问卷调查了目前大学生对于新能源消费的认知，有85%的大学生认为应该优先发展核能，有94%的大学生认为应该优先发展风能，有95%的大学生认为应该优先发展太阳能，还有90%的大学生认为应该优先发展海洋能。在能源消费结构的问题中，超过半数的人认为当前中国新能源消费所占的比重太低(见图3.6)，这些观点说明当今大学生认为我国当前能源消费结构不合理，他们希望能发展与消费清洁的新能源。

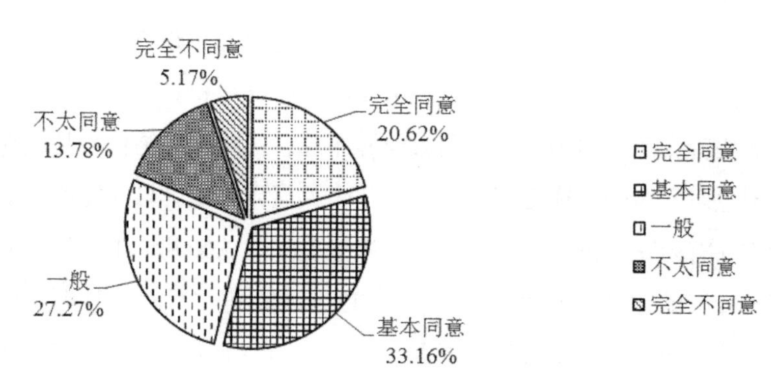

图3.6 大学生对中国新能源消费状况的观点分布

在能源消费与环境污染的调查中(见图3.7)，58.19%的学生认为中国能源消费造成的环境污染非常严重，大学生对于能源消费对生态环境造成的恶劣影响十分担忧。造成这一现象的原因可能是能源消费和环境污染问题与大学生日常生活有较多的联系，故而大学生群体产生了更具象的认知。结合“新能源消费所占比重低”与“能源消费造成的环境污染严重”两题选项结果分析，说明我国新能源和可再生能源消费比重较低，也反映出了大学生群体对调整能源消费结构、改善生态环境和能源现状的较强诉求和主动性。这也进一步体现出大学生群体对于清洁能源与生态环境相关关系的较高知晓度。

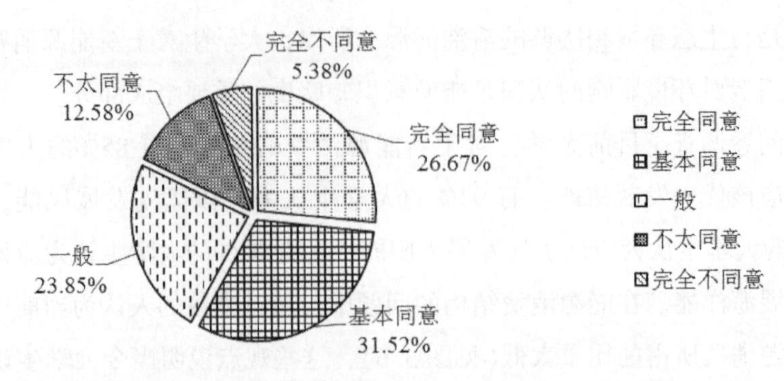

图3.7 大学生对能源消费造成的环境污染观点分布

当今我国可再生能源丰富，但是可再生能源占能源消费的比重却不足。从国家层面来说，这暴露了我国能源发展思路和管理体制机制的缺陷。加快转变能源利用方式，调整能源布局，优化能源结构，是应对能源乃至生态问题的优选之策。从大学生个人层面来说，虽在能源消费和环境方面有内化的情感和观念支撑而产生更强的认知和诉求，但其对能源相关知识的储备还存在不全面、不能与时俱进、不能实时更新的缺点。因此，今后在关于大学生能源意识的培养与加强的过程中应注重全面的掌握与能源相关的知识，并且实时更新知识的相关储备。

3.3 大学生能源意识的知晓度影响因素分析

将问卷数据进行定量化的分析，明确大学生群体对于能源意识的知晓度总体情况并分别从性别、年级、专业、地区这四个因素独立分析其对知晓度产生的差异和影响。总体来看，大学生生能源意识知晓度平均得分为66.78，知晓度偏低。具体情况如下：

3.3.1 男生的知晓度水平高于女生

如图3-8所示，不同性别的大学生对能源和生态的认知程度存在差异。从性别因素来看，能源意识知晓度得分：男生平均分为69.91，女生平均分为67.92，男生的能源意识知晓度普遍高于女生；从变异系数来看，男生的变异系数为25.9%，女生的变异系数为22.4%，女生得分较为集中于平均水平，男生相对分散且不稳定，但从图3.8来看，男生和女生知晓度正态图分布趋势大致相同，差异不大。

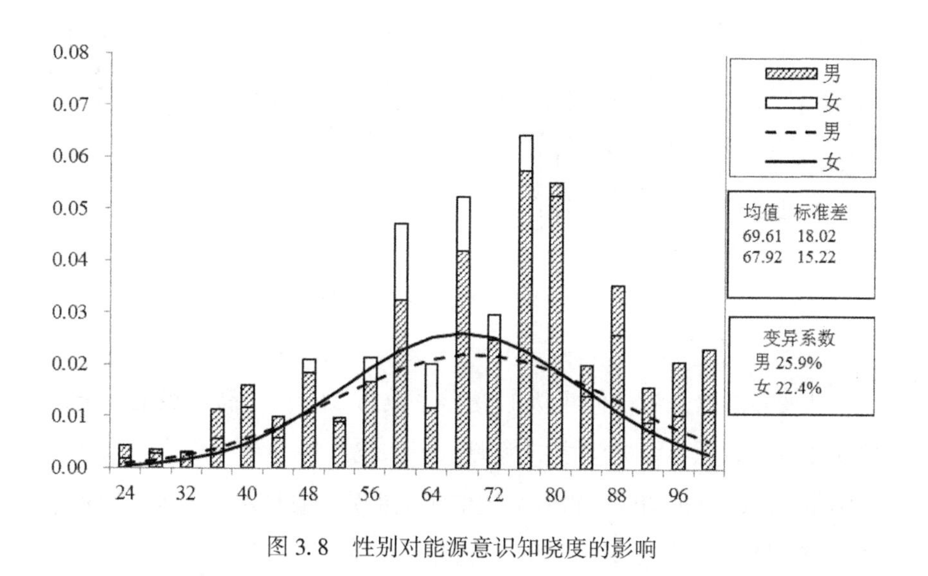

图3.8　性别对能源意识知晓度的影响

3.3.2　低年级大学生的知晓度水平略高于高年级大学生

调查结果如图3.9显示，不同年龄段的大学生对能源和生态的认知程度存在差异。从年级因素来看，低年级能源意识知晓度平均分为69.2，高年级平均分为68.08，低年级大学生的能源意识知晓度略高于高年级。这可能是因为和高年级学生相比，低年级学生有更多的精力和时间来关注能源方面的问题，日常学习中各种各样的公选课或网课也对低年级群体能源认知程度产生了较大的提高和促进作用，生活中多种课内外相关活动也为其了解和学习能源知识提供了良好的渠道，使得低年级群体在能源相关概念和绿色发展知识方面知晓度高于高年级学生。

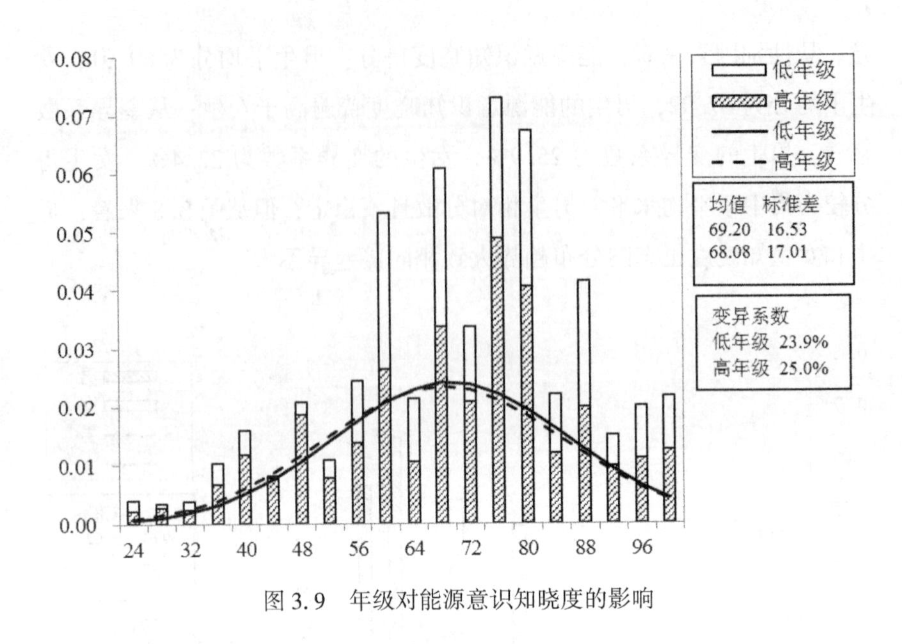

图 3.9 年级对能源意识知晓度的影响

从变异系数来看，低年级的变异系数为 23.9%，高年级的变异系数为 25.0%，低年级大学生的能源意识知晓度得分更为集中，高年级大学生的能源意识知晓度得分相比低年级更分散且样本差异大，但观察图 3.10 可知，高低年级知晓度分布均基本服从正态分布，趋势差异不大。此外，知晓度从低年级到高年级呈下降趋势，本科毕业生和硕博士生能源知晓度呈现较大的不稳定性。年级不同意味着年龄层不同，接触到的信息和受到的教育乃至观念的发展都存在着差异，而从接受能源方面信息到将其内化成为一种情感意识的过程中，情感、心理、偏好等多种与年龄存在相关性的因素会产生较大的影响从而形成不同年级的知晓度差异。

3.3.3 文史哲类专业知晓度水平较低

根据调查数据可以发现，不同专业的大学生对能源和生态的认知程度存在差异。从专业因素来看，经济管理类专业平均分为 70.26，文史哲类专业平均分为 66.66，理工农医类专业平均分为 69.26，按照专业对能源意识认知程度由高到低排序结果为：经济管理类>理工农医类>文史哲类；从变异系数来看，经济管理类专业的变异系数为 22.0%，文史哲类专业的变异系数为 26.8%，理工农医类专业的变异系数为 23.9%，就三类专业得分的集中和稳定程度来看，经济管理类专业仍是最为集中和稳定的，理工农医类专业次之，文史哲类专业相较前两类专业得分更分散。总的来说，经济管理专业学生的能源知晓度普遍较高，而文史哲专业学生的能源知晓度相对偏低，尤以哲学为甚，知晓度均值较其他学科下降了 1%，差异较为明显(见图 3.10)。

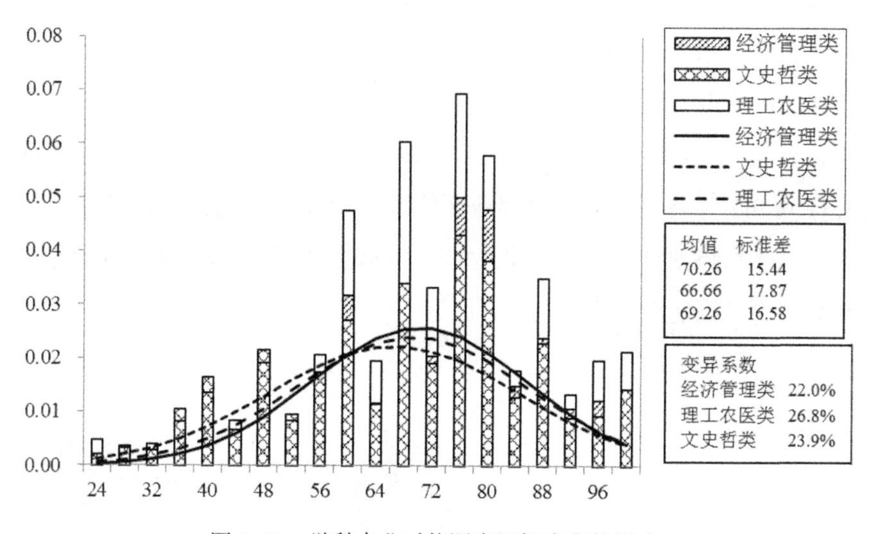

图 3.10　学科专业对能源意识知晓度的影响

这一结果反映，大学生能源意识的知晓度受其专业因素的影响，在当前的教育体系的不断更新改革下，经管文史类学科在学科建设、人才教育及专业培养方案中有更高的即时性并更为热点化，在学科大类中均偏向社会性学科，与其他学科相比，其与社会的贴合性更密切，更加关注社会热点和国家时事，对于政治、经济、能源和社会之间的关联有更高的关注度和更深入的研究，故产生了更高的能源知晓度。而法哲农及艺术类学科更注重专业性和理论性，相较经济管理专业学生在学校学习阶段的社会性较低，受其本身所学知识的限制和对能源现状及相关的政策性知识了解不多，导致其能源知晓度较低。

3.3.4 西部地区大学生的知晓度水平较高

调查结果显示，不同地区的大学生对能源和生态的认知程度存在差异。从地区因素来看，东部地区能源意识知晓度的平均分为67.57，中部地区平均分为69.37，西部地区平均分为70.61，按照地区对能源意识认知程度由高到低排序结果为：西部>中部>东部；从变异系数来看，东部地区的变异系数为27.4%，中部地区的变异系数为22.1%，西部地区的变异系数为20.3%，就三个地区得分的集中和稳定程度来看，西部地区的得分更加集中且稳定，中部地区次之，且中西部地区差异较小，东部地区得分较分散，且比中部地区高出不少，进一步观察图3.11可知，东部、中部、西部地区能源意识知晓度均基本服从正态分布，总体趋势差异不大。此外，大学生群体的能源知晓度从东到西逐渐提高并更具稳定性和集中性。

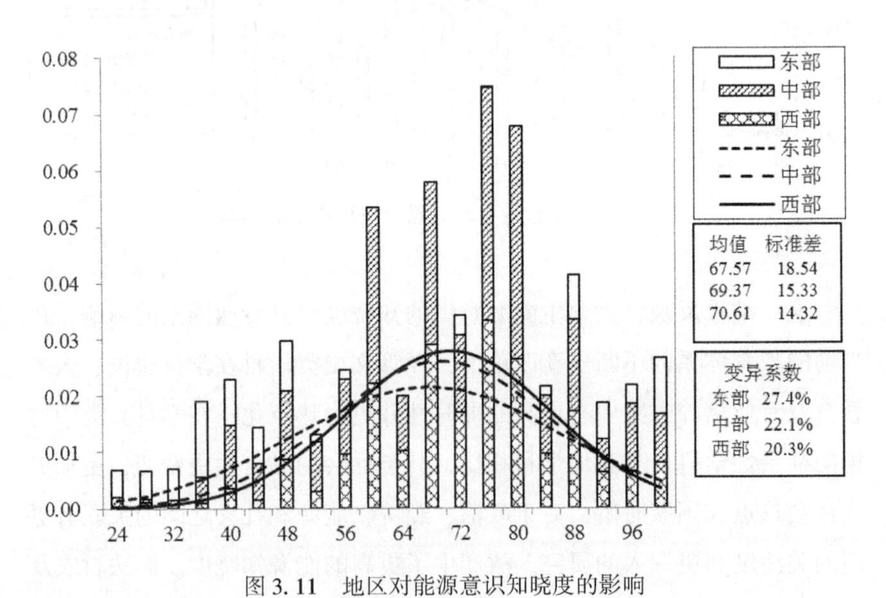

图3.11 地区对能源意识知晓度的影响

分析这一现象产生的原因，可能是因为在我国，东西部地区能源问题分化明显，且与经济发展水平呈负相关关系。东部地区普遍经济发展水平较高，能源需求量大，而东部地区却也是能源匮乏的主要地带，大多能源需从中西部地区引入，而引入过程中的能源损耗也是一大问题。与之相对的，西部地区虽经济发展水平普遍低于东中部地区，能源需求量相对较小，但其能源储量却大大高于东部地区，故中西部地区能源产业往往较为发达，能源板块在社会中所占比重较大，进而形成了大学生群体对能源的较高知晓度。而东部地区社会关注点更多地倾向于经济、外贸等方面，对于能源知识、能源现状等知晓度较低。

3.4　本章小结

本章主要对大学生能源意识知晓度的评价结果和影响因素进行了分析。通过本章分析，主要以下结论：

(1)大学生关于能源基础概念及分类的知晓度整体较好，但大学生对能源相关的新兴概念和相关政策知晓度较低；大学生对我国能源消费现状认知较为清晰；大学生对我国新能源消费与环境污染的相关性知晓度较高。

(2)男生的能源意识知晓度普遍高于女生；低年级学生能源知晓度整体略高于高年级学生；文史哲类专业学生的能源知晓度较低，理工农医类较文史哲类稍高，而相比之下经济管理类等偏社会类学科学生的能源知晓度较高，主要与其专业性质和培养方案有关；不同地区的大学生能源意识知晓度存在显著差异，呈现由东到西递增趋势，西部大学生群体能源意识知晓度整体高于东中部地区。

(3)整体来讲，大学生能源意识知晓度水平偏低。

(4)我国高校当前应积极应对能源问题并注重人才培养，尤其是能源意识的培养和学生个人素质、思想觉悟的提高，促进学生更早地与社会接轨，注重学术性和实践性双高人才的培养。

第4章　大学生能源意识的认同度

4.1　大学生能源意识的认同度评价结果

认同度是指对于一件事物认知与认可的程度，是一种主观体验。在能源意识研究中，认同度是能源意识情感领域的重要组成部分，代表了大学生对于能源相关问题的态度与情感偏好。问卷主要从情感认同和行为倾向两方面来考察大学生能源意识的认同度，共9道题目。其中，情感认同涉及5道题目，行为倾向涉及4道题目。每道问题共涉及5个由强到弱的选项。

为了更直观地衡量大学生能源意识的认同程度，我们对知晓度9个题目的各个选项进行了赋分处理，设定总分值为5分(见表4-1)。

表4-1　　大学生能源意识认同度赋分表格

题目类别	题号	赋分内容				
情感认同	9	非常关注	关注	一般关注	不太关注	完全不关注
		5	4	3	2	1
	10	十分愉悦	愉悦	比较愉悦	有点愉悦	不愉悦
		5	4	3	2	1
	11	十分气愤	气愤	比较气愤	有点气愤	不气愤
		5	4	3	2	1
	12	完全认同	基本认同	一般认同	不太认同	完全不认同
		5	4	3	2	1

续表

题目类别	题号	赋分内容				
行为倾向	13~15	完全认同	基本认同	一般认同	不太认同	完全不认同
		5	4	3	2	1

用各个题目的分值乘以其认同比例并求和，可得大学生的总体能源意识的知晓度的得分为73.09。可见，大学生总体对于节能环保和低碳减排的能源消费认同度较高。以下是具体分析：

4.1.1 大学生对能源消费问题关注度较高

大学生对于能源问题的关注程度是检验其能源意识高低的基础和前提。大学生普遍对能源消费关注度较高。当前我国能源的发展已经不能满足我们的需求，因此需要节约能源和发展新能源。中国是目前世界上第二位能源生产国和消费国。能源供应持续增长，为经济社会发展提供了重要的支撑。能源消费的快速增长，为世界能源市场创造了广阔的发展空间。中国已经成为世界能源市场不可或缺的重要组成部分，对维护全球能源安全，正在发挥着越来越重要的积极作用。对于这一现状，如图4.1所示，大部分大学生对能源消费问题保持持续关注，仅19.65%的受访者不太关注或者完全不关注能源消费问题。由此可见，大学生受访者已经普遍认识到当前能源问题现状，并对能源消费保持关心。进一步研究发现，有超过40%的大学生最关注价格因素，能源的环保性、可靠性、便捷性也得到了不同程度的关注，而能源的替代性受关注程度最低(见图4.2)。

4.1.2 大学生对于节约能源消费有强烈的情感认同

图4.3表明，大学生对于节约或浪费能源行为有着较为强烈的情感态度。94.55%的大学生受访者表示当自己产生节能消费行为时会感到愉快，95.08%的大学生受访者当看到他人浪费能源时会感到气愤。这

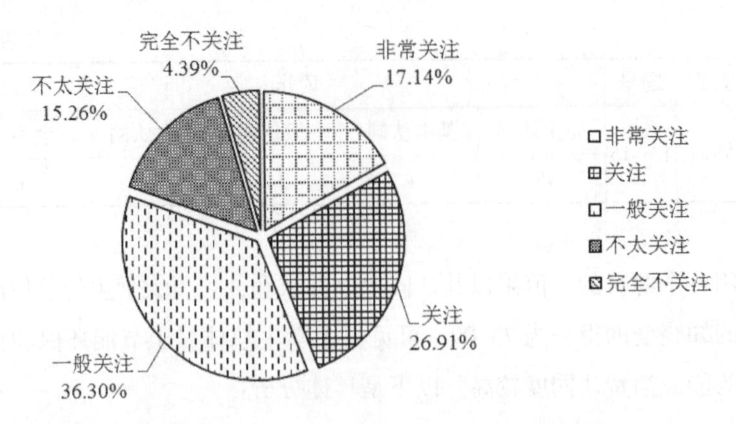

图 4.1　大学生对能源消费问题的关注程度分布

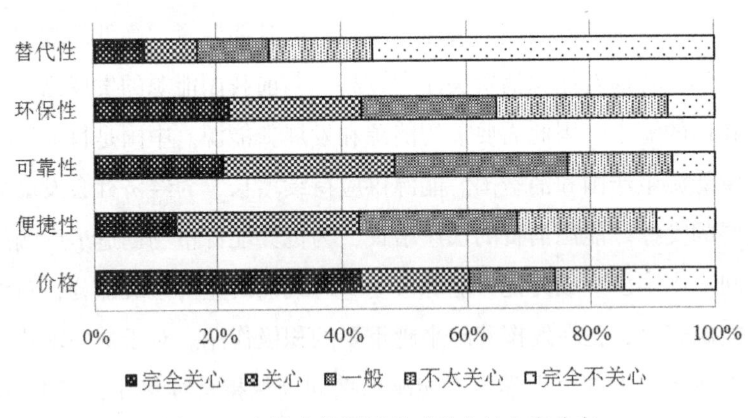

图 4.2　大学生能源消费时关心的内容分布

种情感表现体现了大学生具有较强的能源保护意识与能源意识认同度。目前大部分大学生对于节约能源的行为是持支持态度的，并且能从节能行为中获取自我愉悦与成就感，他们能够认识到，节约能源是每个公民应尽的义务，节能要靠全社会的共同努力，大学生更应起表率作用。虽然有少部分大学生对于节约能源和他人浪费能源的行为仍然表现出不太关心或完全不关心的态度，这可能是一些大学生对能源问题的了解程度较低，导致对能源消费问题缺乏责任感，认为能源问题与个人关系并不紧密，所以对于能源问题并没有特别强烈的情感认同态度，但是可以通过开展节约能源相关活动，让更多的大学生能亲身体验节约能源的过程，对大学生系统开展节能宣传教育，增强大学生对能源消费问题的责任感，提高其对能源消费问题的认同度，而不是靠一时的行为，应该养成长久的习惯，形成自律机制。学校在大学生素质拓展环节中，应通过研究性学习和节能宣传活动，专业老师结合专业教学，通过课外实践，将感性认识转化为深刻的理性认识。

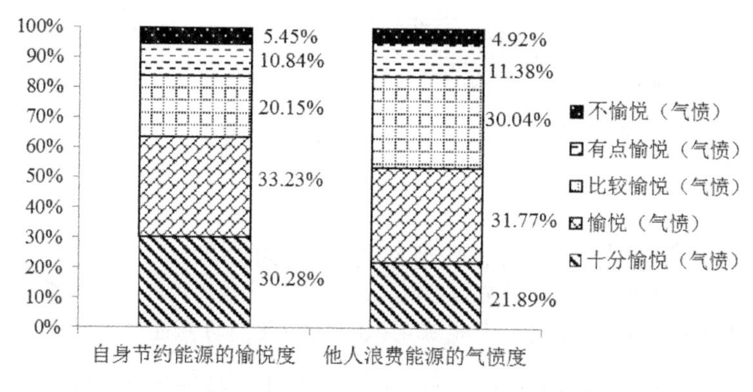

图 4.3 大学生对自身和他人节能消费情感认同的观点分布

在是否愿意为了节约能源而克制自己的消费的问题中(见图 4.4)，有超过半数(53%)的大学生表示愿意甚至非常愿意。这种为了节约能源而克制自己消费的行为是大学生能源保护意识和能源认同感的进一步深化，体现了大学生具有较高的节能消费情感认同。虽然仍有一部分大学生不太愿意或完全不愿意为了节约能源而克制自己的消费，这可能是因为对能源问题的重要性缺乏清醒的认识，个人物质主义的重视使他们不愿意改变自身消费行为去节约能源。由此可见目前中国大学生能源意识认同度的整体水平与社会经济可持续发展的要求尚有差距。若要减少此现象，大学生能源意识应进一步提高，高校的能源意识价值观教育也应进一步推进。同时应该减少消费和节约能源的对立性，例如开发新能源产品，倡导消费者去消费节能产品。这一对策可以进一步改善消费与节约能源的矛盾，提高大学生能源意识的认同度。

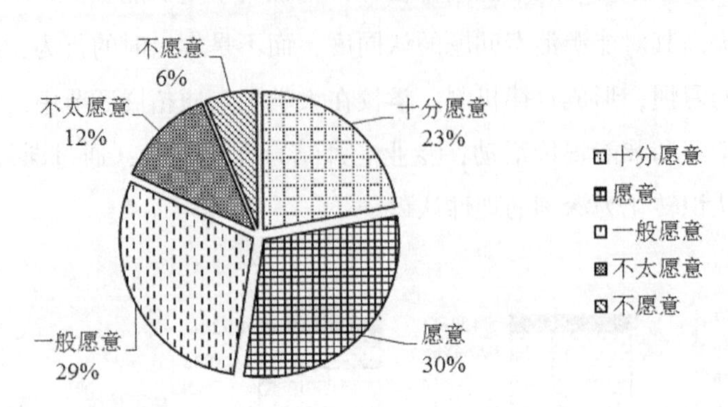

图4.4　大学生为节约能源而克制自己消费的愿意程度分布

4.1.3　大学生具有明显的节约能源行为倾向

为了进一步调查大学生能源意识的认同度，研究还调查了大学生对于节约能源行为的行为倾向，行为倾向可以很好地体现大学生能源意识的情感偏好与认同。调查发现大学生普遍具有明显的行为倾向，拥有较强的节能责任意识，对能源友好行为有强烈的认同感。

具体而言，如图4.5所示，67.25%的大学生认为自己有义务节约能源，70.76%的大学生愿意为节约能源贡献自己的力量，这表明大部分大学生拥有较强的节能消费、低碳减排的自觉性，其节约能源的责任意识与行为倾向会对其实际节能环保行为产生约束作用。另外，超过半数的大学生受访者在拥有“从我做起”的节能消费认同的基础上，还愿意将节能环保观念推广至身边的人，提高其能源意识，促使周围的人群产生清洁能源消费行为。

4.1.4　大学生普遍认为政府和个人是主要责任主体

问卷第9题对五个责任主体进行了排序，本调查对数据进行了选项平均综合赋分计算，它反映了选项的综合排名情况，得分越高，表示综

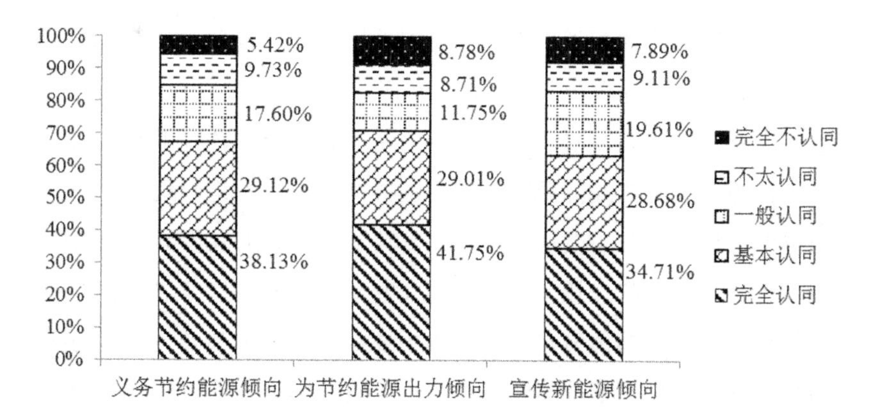

图 4.5　大学生节约能源倾向的认同度分布

合排序越靠前。如图 4.6 所示。

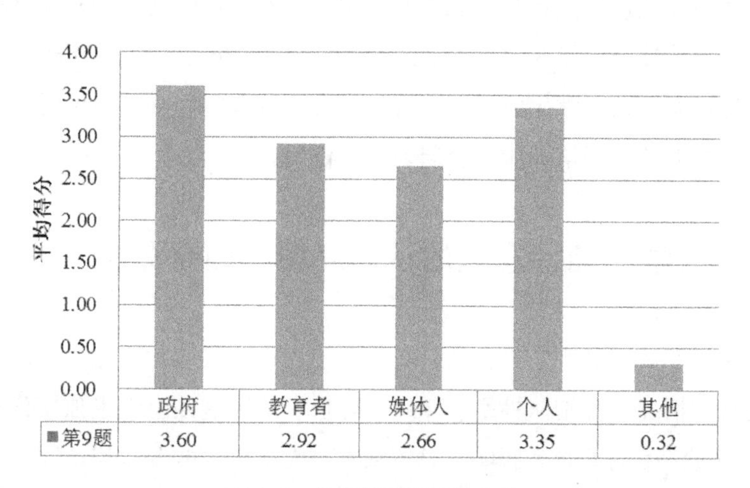

图 4.6　提高能源意识的主体

计算公式为：

$$\text{选项平均综合得分} = \frac{\sum \text{频数} \times \text{权值}}{\text{本题填写人次}}$$

政府的综合排序得分最高，为 3.60 分；其次是个人，为 3.35 分；

然后是教育者，为2.92分；最后是媒体人，为2.66分。结果表明，大学生认为政府在能源意识培养与提高中承担的责任最大，个人及教育工作者位居其后。这体现出大学生对于能源作为公共品应由政府提供这一观点的广泛接受，以及对于自我责任的认识和担当，教育工作者则作为知识的传播者，是提高能源意识的关键群体，应当承担起建设责任；媒体对能源意识的贡献主要体现在相关宣传建设。政府在倡导全社会节能方面具有举足轻重的作用，政府应当完善节能方面的法律法规，再利用公众媒体进行相关节能宣传。大学生主要从媒体宣传和高校学习两方面获取能源知识，政府更应利用媒体这个工具，加强节能意识教育和节能知识宣传，为大学生能源意识认同度的提高创造了良好的大环境。大学生将个体的责任置于第二重要的位置，体现了大学生能源意识责任感较强，愿意以个体为单位为解决能源问题贡献自己的一份力量，也体现了大学生清晰地认识到自身在能源问题中肩负不可推卸的责任。以政府为主体、多种社会力量相互协调配合的责任承担方式是目前最合适的选择，这被大多数大学生所认同，表明了大学生有较为一致的认同观。这在今后的能源意识培养中将会起到重要作用。

4.2 大学生能源意识的认同度影响因素分析

将问卷数据进行定量化的分析，明确大学生群体对于能源意识的认同度总体情况并分别从性别、年级、专业、地区这四个因素独立分析其对认同度产生的差异和影响。总体来看，大学生生能源意识认同度平均得分为72.84，大学生能源意识的认同度较高。具体情况如下：

4.2.1 女生的认同度水平略高于男生

如图4.7所示，从性别因素来看，能源意识认同度得分：男生平均分为72.38，女生平均分为73.83，女生能源意识认同度总体上略高于男生；从变异系数来看，男生的变异系数为25.54%，女生的变异系数为26.01%，女生得分比较集中于平均水平，较为稳定，而男生成绩相对分散且不稳定。但从图4.7来看，男生、女生认同度正态图分布趋势大致相同，差异不大。

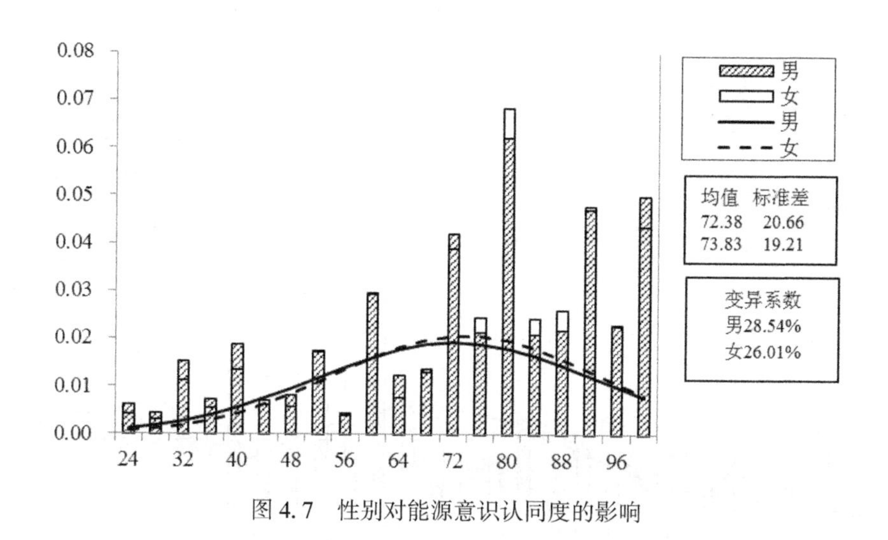

图4.7 性别对能源意识认同度的影响

4.2.2 低年级大学生的认同度水平总体上高于高年级大学生

调查结果如图4.8显示，从年级因素来看，低年级大学生的能源意识认同度平均分为74.00，高年级大学生的平均分为71.58，低年级大学生的能源意识知晓度总体上高于高年级；从变异系数来看，低年级的变异系数为26.45%，高年级的变异系数为28.69%，可知低年级得分比较集中于平均水平，较为稳定，而高年级得分相对分散且不稳定，但低年级和高年级认同度正态图分布趋势大致相同，整体情况趋于一致，差异不大。

高年级学生受教育的程度更高，接受的知识面更加广泛，思想更具深度，但是在能源意识认同度上却反而略低于低年级学生，这是一个值得思考的问题。理论上来说，良好的教育资源分布广泛，且应该包含对大学生能源意识认同度的培养，本应该表现为高年级学生受教育层次越高，能源意识认同度水平也越高。高年级大学生不应该仅关注自己专业范围内的知识以及研究领域的相关内容，也应该放宽视野，以全球角度看待身边的事物，涉猎广泛，成为集专业深度与知识广度于一身的综合性人才。

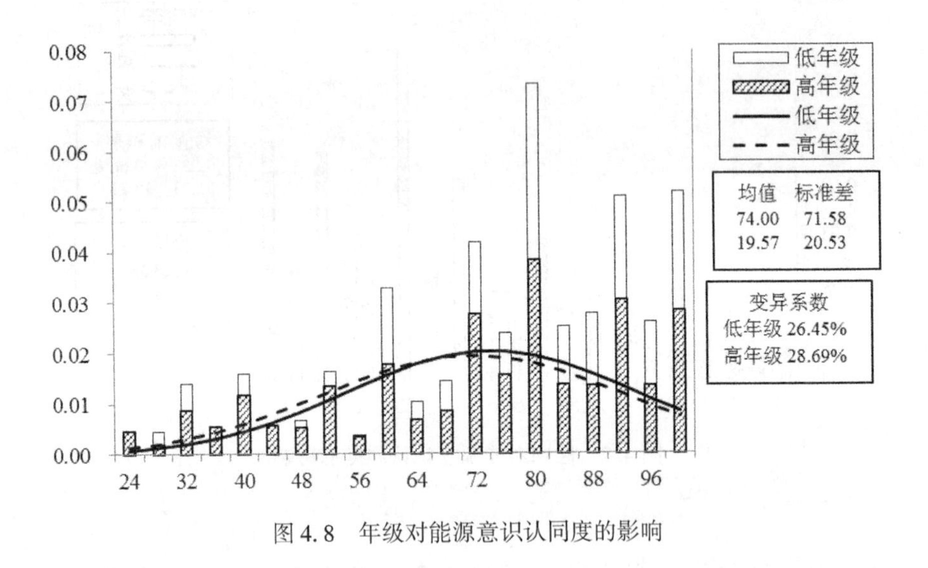

图4.8 年级对能源意识认同度的影响

4.2.3 文史哲类专业认同度水平较低

如图4.9所示，从专业因素来看，不同专业学生的能源意识认同度水平的差异较大：经济管理类专业平均分为74.50，文史哲类专业平均分为69.93，理工农医类专业平均分为74.34，按照专业对能源意识认知程度由高到低排序结果为：经济管理类>理工农医类>文史哲类；从变异系数来看，经济管理类专业的变异系数为25.42%，文史哲类专业的变异系数为30.93%，理工农医类专业的变异系数为25.83%，就三类专业得分的集中性和稳定程度来看，经济管理类专业仍是最为集中和稳定的，理工农医类专业次之，文史哲类专业相较前两类专业得分更分散。总的来说，大学生能源意识认同度和专业有一定关联。

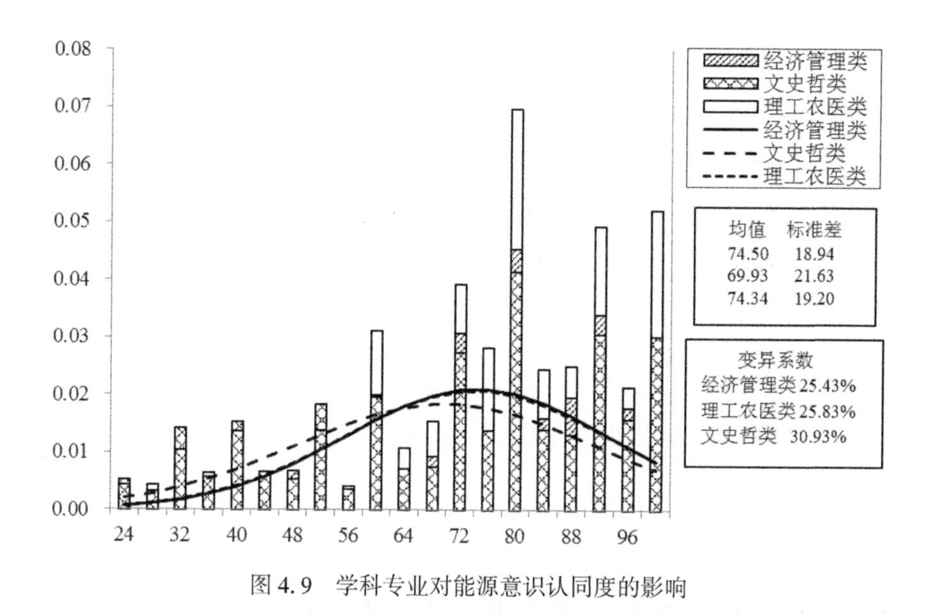

图 4.9 学科专业对能源意识认同度的影响

随着教育资源的不断优化以及对能源问题的重视程度提高，各个专业学科也越来越涉及能源问题和相关知识，这有利于大学生加深对能源消费问题的了解，促进大学生能源意识认同度水平的提高。但由于各个专业对能源问题涉及程度和深度的不同，不同专业大学生之间的能源意识认同度差异较大。经济管理类专业大学生和理工农医类专业大学生对能源问题涉及层次较深，联系也相对密切，在接受能源意识教育中也更加偏向于实际生产生活应用，接受的能源相关理论和专业知识较多，并且已经更多地投入到实践当中，所以相对来说经济管理类专业大学生和理工农医类大学生能源意识认同度水平较高。而文史类大学生所接受的能源相关教育较少，对能源相关知识了解也并不多，大部分靠课外途径获取，但文史类大学生对于能源问题的关注水平较好，对能源教育的接受程度较高，因此能源意识认同度水平也较为良好。

不同专业之间的能源意识认同度水平差异大体现出不同专业领域能源教育资源分配不均。桑丽霞和王景甫在《对我国大学开展能源教育的思考》中谈道："在我国的基础教育中，没有设置能源教育的专门科目，能源教育仅渗透和散见于物理、化学等少数学科的教学中，学校教育、自然体验教育、家庭教育和社会教育中有关能源教育的内容(场所、机会、计划等)远远没跟上来，对节能技术的教育和节能意识的培养还没有正规的教育体系来支撑。"随着能源问题的日益严重，各个高校也应该与时俱进，丰富或者填补这一领域的空白部分，为不同专业学科增添更多内容，培育具有时代精神、符合时代潮流的高素质人才。

4.2.4　西部地区大学生的认同度水平较高

调查结果显示，不同地区的大学生能源意识认同度存在差异。从地区因素来看，东部地区能源意识认同度的平均分为71.37，中部地区平均分为74.09，西部地区平均分为75.35，按照地区对能源意识认同程度由高到低排序结果为：西部>中部>东部；从变异系数来看，东部地区的变异系数为30.48%，中部地区的变异系数为25.55%，西部地区的变异系数为22.16%，可知西部地区大学的大学生得分比较集中于平均水平，较为稳定，而东部地区大学的大学生得分相对分散且不稳定(见图4.10)。

尽管东部地区经济发展水平较高，教育水平和教育资源分配优于西部地区，但能源问题所造成的社会问题对东部地区大学生的影响相对较小，所以东部地区大学生对于能源相关问题的态度与情感偏好相对较低。而如今国家对能源问题的重视，能源问题的解决也上升了一个高度，尤其是国家对西部地区的一些战略部署，直接、间接地促进了西部地区大学生能源意识认同度水平的提高。虽然西部地区教育资源较贫乏，西部大学生接受的教育不如东部地区，但由于西部地区能源问题的严峻形势，西部地区大学生更加能意识到能源问题的重要程度，对能源意识有着更高的认同度，并已逐步付诸实际。国家政策号召下，中国各省也出台了许多相关文件政策，推动了全国各地大学生能源意识的培

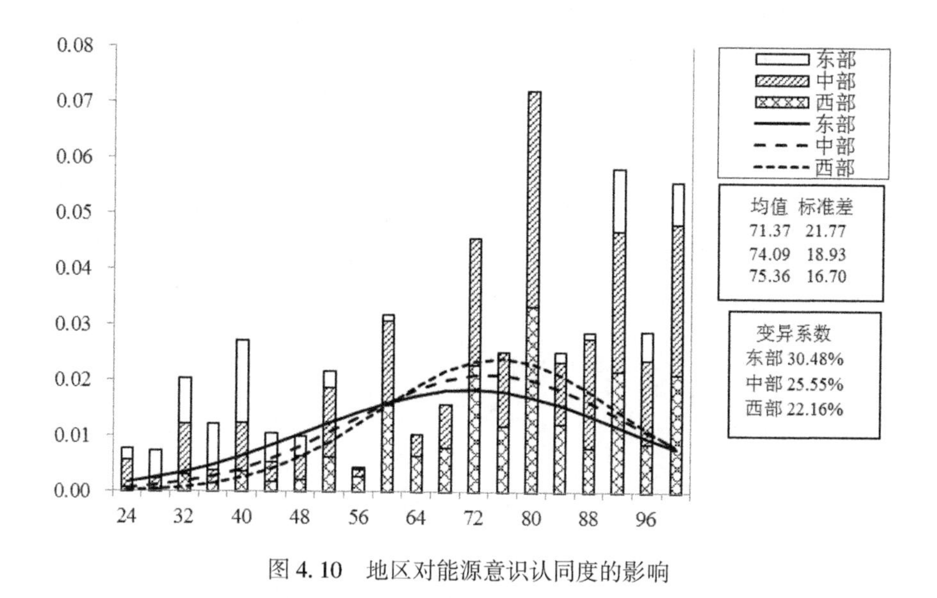

图 4.10 地区对能源意识认同度的影响

养，取得了良好的成效，全国大学生的能源意识认同度都有了显著提高。而要实现区域间能源意识认同度的平衡发展，还需要国家继续深入推行相关政策，加以各地区政府、教育机构的配合实施。

4.3 本章小结

本章主要对大学生能源意识认同度的评价结果和影响因素进行了分析。通过本章分析，主要以下结论：

(1)大学生能源消费问题关注度较高；大学生对于节约能源消费有强烈的情感认同；大学生具有明显的节约能源行为倾向；大学生普遍认为政府和个人是主要责任主体，对自身的责任义务有明确的认知与认同。

(2)女生的能源意识认同度略高于男生；低年级大学生的认同度水平总体上高于高年级大学生；文史哲类专业学生的认同度明显低于理工农医类专业和经济管理类专业学生，主要与其专业性质和培养方案有关；不同地区的大学生能源意识认同度存在显著差异，呈现由东到西递增趋势，西部地区大学生能源意识认同度整体高于东中部地区。

(3)整体来讲，大学生能源意识知晓度水平较高。

第5章　大学生能源意识的践行度

在能源意识调查研究中，绿色节能减排行为是能源意识的最终表现，践行度是反映大学生自身的能源意识对自身相关行为的影响、指导程度的一个维度。在此次的问卷设计工作中，行为维度方面的题目主要针对大学生的消费行为和学习行为，共涉及了7道问题(其中，消费行为研究涉及4道问题，学习行为研究涉及3道问题)。每道问题共涉及5个由强到弱的选项。

为了更加直观地了解大学生的能源意识的践行程度，项目组对于行为维度的各个选项进行赋分(见表5-1)，通过对得分进行计算和分析，得出关于大学生能源意识的践行度的评价结果。

表5-1　　大学生能源意识践行度赋分表格

题目类别	题号	赋分内容				
消费行为	16~19	总是会	经常会	偶尔会	几乎不会	从来不会
		5	4	3	2	1
学习行为	20~22	完全同意	基本同意	一般	不太同意	完全不同意
		5	4	3	2	1

用各个题目的分值乘以其认知比例并求和，可得大学生的总体能源意识的行为的得分为70.34分。可见，大学生对于环境友好的能源消费行为和能源知识学习行为的践行度一般，处于中等水平。有关能源意识

践行度的具体分析如下：

5.1　大学生能源意识的践行度评价结果

5.1.1　大学生新能源产品的消费意愿相对较高，对于高能耗产品的消费意愿较低

新能源产品主要以清洁环保、节能高效为主要的特点。目前，国家以及社会各方都在大力提倡并加强对新能源产品的研发和使用，以促进环境质量改善，提高能源利用效率。此次调查数据显示(见图5.1和图5.2)：半数以上(58%)的接受调查的大学生同意以及基本同意优先考虑购买新能源产品，而仅有17%的受调查的大学生认为不愿意优先考虑购买新能源产品；半数以上(58%)的接受调查的大学生愿意不购买、使用高能耗产品，而仅有16%的接受调查的大学生愿意继续购买以及使用高能耗产品。由此可知，大学生群体对于进行清洁能源消费的意愿较高，对于购买、使用高能耗产品的意愿较低。

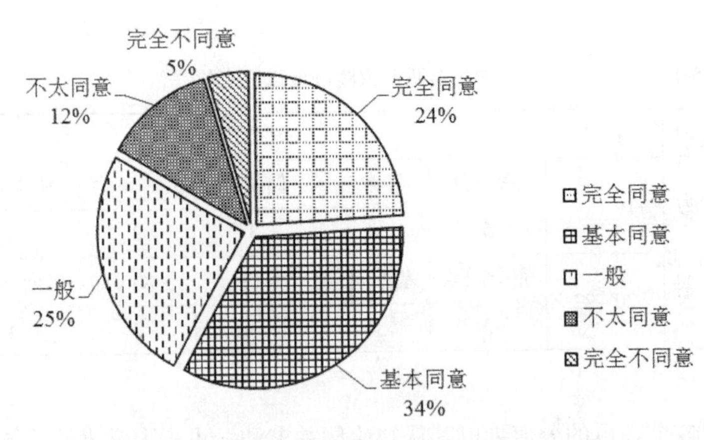

图5.1　大学生对于优先考虑新能源产品意愿分布

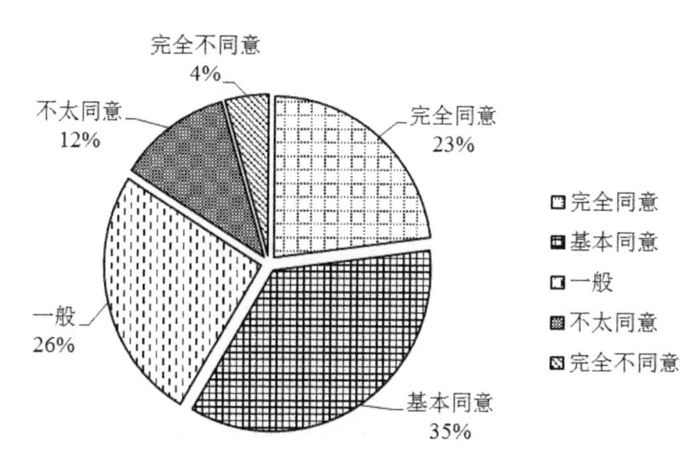

图 5.2 大学生对于不购买、使用高能耗产品的意愿分布

这一结果反映出以下几种可能：

(1)学校能源意识教育受到重视，产生的效果比较明显，提高了大学生支持新能源产品消费、减少高耗能产品消费的意识。

(2)经过科研水平的提高以及技术的进步，新能源产品生产方在进行新能源利用的同时，努力提高自身的研发和制作水平以提高产品质量、降低生产成本，从而提高了产品的便捷性和安全程度，获得了销售市场。

(3)伴随着我国能源形势的不断严峻，社会大众对于我国能源现状的了解程度进一步提高，进一步加强了使用新能源产品并淘汰高耗能产品。

(4)为了改善我国能源利用状况，国家对新能源产品进行补贴，在推动新能源产品生产厂商进行生产的同时，促进了社会公众对于新能源产品的购买。

针对上述情况，建议：

(1)教育方面，国内高校优化针对能源意识教育方面的课程，逐渐影响大学生能源消费意识，推动其对于节能环保产品的消费。

(2)国家方面，国家应当对生产新能源产品的企业进行税收优惠，降低经营成本，使企业有更多的资金应用于新能源产品的研发和生产，在增加新能源产品供给的同时提高市场上新能源产品的安全性、便捷性和使用寿命。相反，国家应对进行高耗能产品生产的企业征收较多的税，以增加该类企业的生产负担，从而减少高耗能产品的生产。

(3)社会公众方面，国家可以考虑进一步加强对于新能源产品的购买补贴，推动新能源产品的相对价格进一步下降，从而刺激社会公众对于新能源产品的消费。

5.1.2 大学生积极宣传使用新能源产品的主动性仍有提高的空间

大学生群体作为未来社会建设的重要力量，其能源意识的践行程度对于我国现在以及未来的能源利用形势有着重要的影响。根据图5.3显示：支持循环、持续使用新能源产品的大学生有半数以上(59.58%)，这一情况反映出了大学生自身的节约能源、使用清洁能源的意识增强，加强了对新能源产品的购买和持续使用。有半数以上(53.30%)的大学生会劝说身边人购买节能环保产品，仅有约18%的大学生反对或基本反对劝说身边人购买节能环保产品，这一情况体现了体现了大学生对于宣传节能环保产品的主动性。但是，认为自己应当加强新能源产品消费的大学生比重明显高于同意劝说身边认识使用新能源产品的大学生比重，而不支持循环、持续使用新能源产品的大学生比重明显低于不同意劝说身边人使用节能环保产品的大学生比重，从侧面反映部分大学生愿意使用新能源产品，但是并不会主动劝说身边人使用节能产品，宣传的主动性有待提高。

鉴于此，国内高校应当在注重加强大学生节能环保意识的同时，积极鼓励其发挥主动性，感染身边人进行节能环保，逐渐淘汰高能耗产品，提高社会整体的节能环保意识。

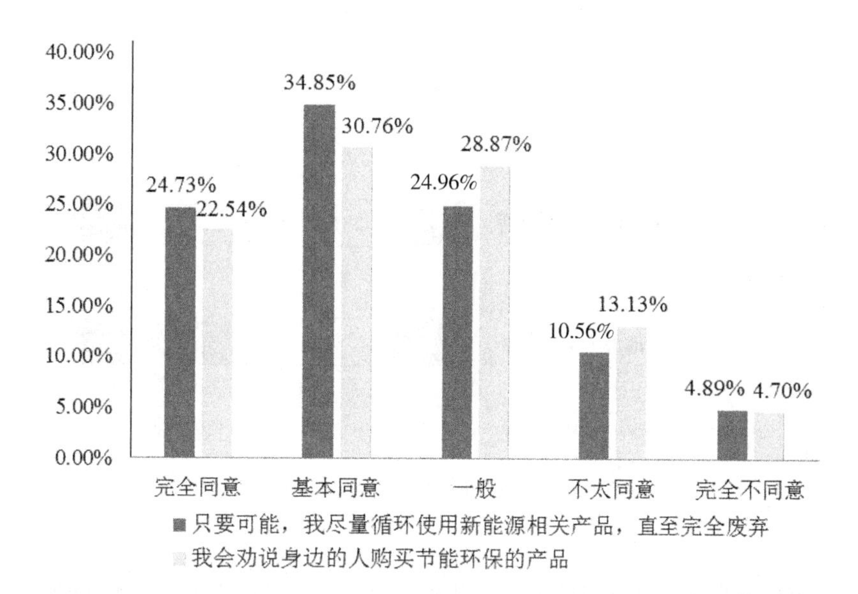

图 5.3　大学生对于循环、持续使用新能源产品的意愿和宣传的主动性分析

5.1.3　大学生通过高校学习加强自身能源意识的主动性有待提高

学习是大学生提高自身技能以及文化水平的重要途径，学习课程的开设和选择体现了学生对于未来发展方向的选择和自身学习意愿的强弱程度。由图 5.4 可知，愿意主动向所学专业与能源结合的方向发展的大学生比例(42%)和愿意主动选择和能源相关的课程的大学生比例(46%)均小于 50%，这体现了大学生通过课堂学习能源方面的专业知识的主动性有待提高，有半数以上(51%)的大学生愿意主动了解能源方面的知识，体现了大部分的大学生在了解能源知识方面主动性较强，从侧面反映出了大学生自身对于国家能源问题的关心程度较高。此外，在学习行为评价的三道问题中，“一般”选项的选择人数是最多的，均占到了大学生总数 30% 以上，体现了大学生通过学校学习来加强自身能源意识的主动性仍有一定的提升空间。

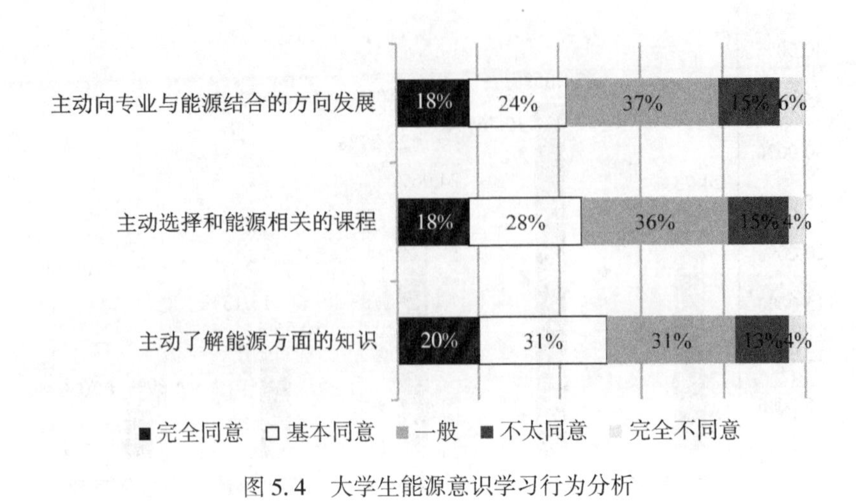

图 5.4　大学生能源意识学习行为分析

这一现象从侧面体现了以下几种可能：(1)高校在培养人才的同时并没有注意将专业课程和能源方面的知识进行有效结合；(2)高校在设置能源方面课程的同时，并没有有效地提高课程的质量，导致学生失去了选择此类课程的兴趣；(3)大学生在大学学习过程中过于功利化，不能认真平衡学习实用性较强的专业知识技能和提高综合文化素质水平之间的关系。

鉴于此，建议高校在增加能源类课程数量的同时，尽可能提高该类课程的授课质量，并提高大学生对于此类课程的重视程度，避免大学课程设置以及课程学习过于功利化、实用化，在提高学生专业技能的同时，加强对学生人文情怀的培养。

5.2　大学生能源意识的践行度影响因素分析

用各个题目乘以其践行比例并求和，以定量化手段分析大学生能源意识践行度的总体情况以及性别、年级、专业、大学所在地区这四个因素对于大学生能源意识践行度的差异影响。本部分将分别从性别、年级、专业、地区这四个维度分析大学生群体间能源践行度的差异，具体情况如下：

5.2.1 男生、女生的践行水平整体水平接近

从性别因素来看，男生能源意识践行度平均得分为70.57，女生能源意识践行度平均分为70.11，体现男生的能源意识践行度总体上高于女生，但相差不大；从变异系数来看，男生的变异系数为27.11%，女生的变异系数为25.05%，可知女生得分比较集中于平均水平，较为稳定，而男生成绩相对分散且不稳定，但男生和女生的整体情况趋于一致，差异较小(见图5.5)。

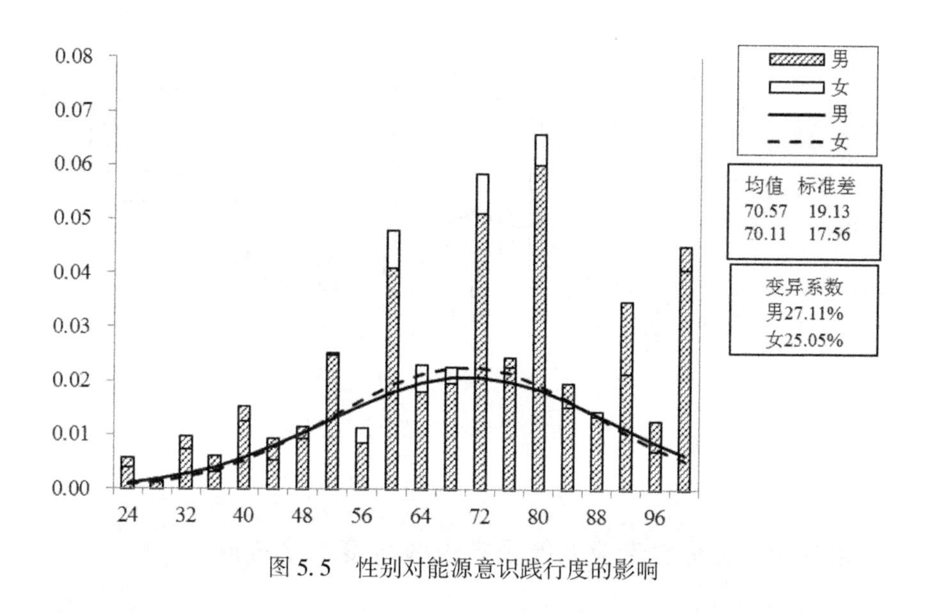

图5.5 性别对能源意识践行度的影响

5.2.2 低年级学生的能源意识行为水平高于高年级学生

从年级因素看，能源意识的践行度得分如下：低年级学生平均得分为71.02，高年级学生的平均得分为69.21，低年级学生的能源意识行为水平高于高年级学生。从变异系数看，低年级变异系数为25.51%，

高年级变异系数为 27.09%，高年级学生得分的分布较为分散，而低年级学生得分的分布趋于平均水平且分布较为集中。低年级学生相对于高年级学生在课程安排中通识类课程数量较多，其中会引导低年级学生关注能源问题，而且低年级学生更愿意参加各种活动，更愿意接触社会，对社会上的能源问题感触较深，因此其能源意识行为水平较高(见图 5.6)。

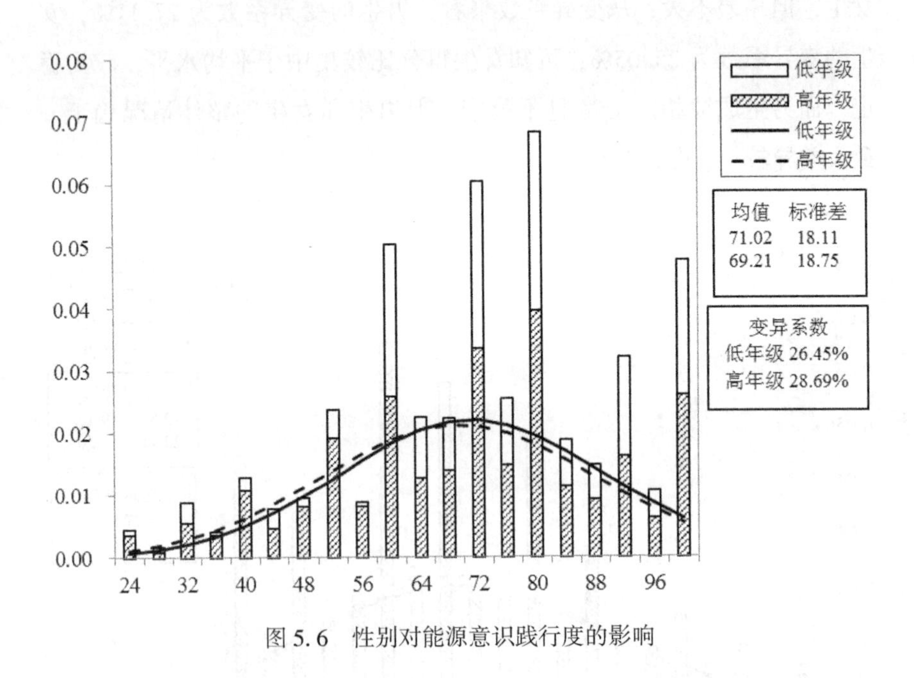

图 5.6　性别对能源意识践行度的影响

5.2.3　文史哲类专业的能源意识践行度水平较低

从学科因素看，能源意识践行度得分如下：经管类专业平均分为 71.24，文史哲类专业平均分为 67.84，理工农医类专业平均分为 71.47，经管类和理工农医类专业的能源意识践行度水平较高，而文史哲类专业的能源意识践行度水平较低，且差异较为明显(见图 5.7)。

从变异系数看，经管类专业为 24.74%，文史哲类专业为 29.19%，理工农医类专业为24.73%，经管类专业和理工农医类专业的整体水平趋于一致，趋于平均水平且分布较为集中，而文史哲类专业分布相对分散。

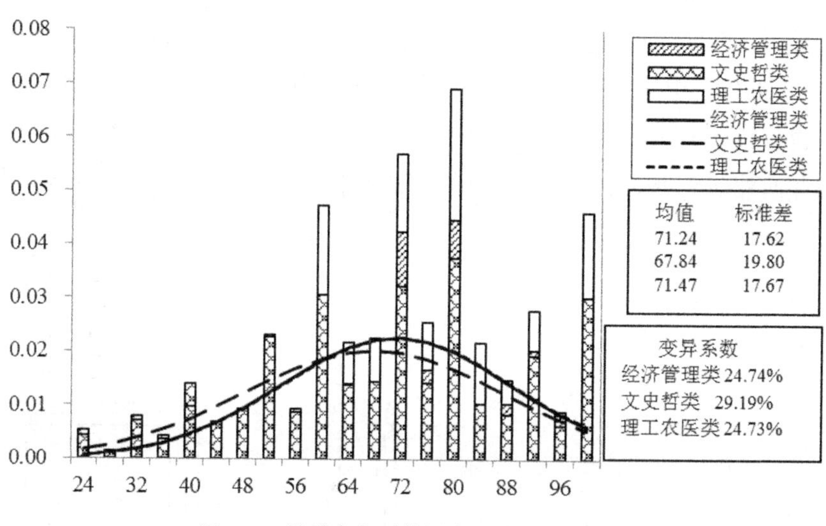

图5.7 学科专业对能源意识践行度的影响

这一结果可能侧面反映出以下可能：(1)经管类专业学生主要学习和社会热点、社会经济趋势相关的一些课程，其研究内容更加贴近社会现实生活和国家经济发展战略，而国家在近些年大力提倡新能源的使用以及能源利用效率的提高等，因此学生的能源意识践行度水平较高；(2)理工农医类专业学生主要以社会实际生活需要为研究导向，紧密结合社会未来发展，并且有众多专业以能源利用为研究方向，影响了该专业学生的能源意识水平，因此，理工农医类专业学生的能源意识的践行度水平较高；(3)文史哲类专业学生的研究内容有其局限性，并且理论化程度较强，缺乏实践，使得其专业的学生的能源意识行为水平较低。这一结果也反映了高校教育应当结合社会实践，逐渐克服某些学科、专业的局限性，努力提高大学生群体的能源意识行为水平。

5.2.4　西部地区大学生的践行度具有明显优势

从地区因素来看，能源意识践行度得分如下：东部地区平均得分为69.23，中部地区平均得分为70.83，西部地区平均得分为72.14，由此可知，西部地区相较于东部、中部地区较高；从变异系数看，东部地区为28.43%，中部地区为24.55%，西部地区为23.24%，中部、西部地区得分趋于平均水平且分布较为集中，而东部地区相对而言较为分散，因此西部地区大学生能源意识践行度具有较为明显的优势(见图 5.8)。

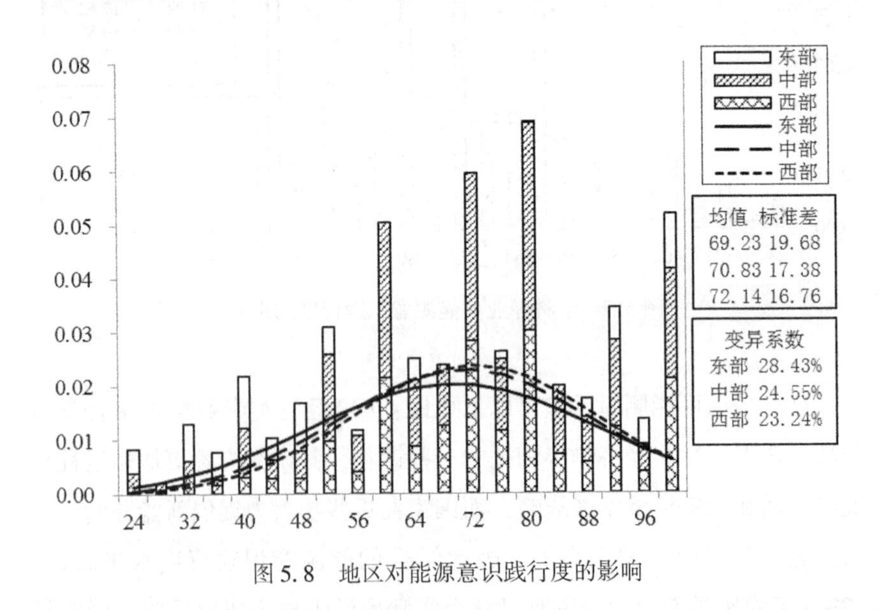

图 5.8　地区对能源意识践行度的影响

5.3　本章小结

本章主要对大学生能源意识践行度的评价结果和影响因素进行了分析。通过本章分析，主要以下结论：

(1)大学生在进行能源产品方面的消费时，对于新能源产品的消费意愿相对较高，对于高能耗产品的消费意愿较低；大学生循环使用、持续使用新能源产品和劝说他人进行节能环保产品的消费的意愿较高，但大学生积极宣传使用新能源产品的主动性仍有提高的空间；大学生通过高校学习加强自身能源意识的主动性有待提高。

(2)男生、女生的践行水平整体接近；低年级大学生相对于高年级大学生而言，其能源意识行为水平较高；西部地区大学生相对于中部、东部地区大学生而言，其能源意识行为水平较高；文史哲类专业大学生相对于经管类、理工农医类专业大学生而言，其能源意识行为水平较低。

(3)高校应当加强能源意识教育水平，积极引导学生践行正确的能源意识，推动能源合理利用以及能源保护；高校应当在重视学生专业技能、理论知识培养的同时，积极鼓励大学生进入社会，感受社会实际，是大学生对我国能源问题产生自己的切实感触，强化大学生自身的责任感和使命感。

(4)整体而言，我国目前大学生的能源意识行为水平中等，有较大的可提升空间。

第 6 章　大学生能源意识维度的作用机理

前三章对我国大学生能源意识知晓度、认同度、践行度的评价结果和影响因素进行了分析，了解到我国大学生目前的能源意识总体水平。但能源意识框架下认知、情感、行为这三个领域下不可直接观测变量间的作用路径及影响强度，需要通过构建理论模型进一步研究。本章则在经验的理论分析和统计的因子分析的基础上进行结构方程建模，应用真实数据加以拟合验证，得出系统下各不可直接观测变量间的作用关系，深入剖析大学生能源意识维度的作用机理及影响因素。结构方程模型(Structural Equation Model，SEM)多用来分析有多个潜变量和多观测变量并存的数据内容，可以替代多重回归、通径分析、因子分析、协方差分析等方法，清晰分析单项指标对总体的作用和单项指标间的相互关系，是一种融合路径分析和因子分析的多元统计技术，具有一般回归分析所不具有的全局性、系统性等优点。因此，本书使用该方法作为分析工具，应用 AMOS 21.0 统计软件进行分析。

6.1　理论基础

结构方程模型的构建需要一定的理论基础，研究大学生能源意识与行为的作用机制也必须先了解个体行为背后的心理机制，因此下面对相关的理论进行回顾。

6.1.1　计划行为理论

作为目前行为研究领域的代表性理论，计划行为理论诞生于1985—1991年。此理论由心理学家Ajzen提出，来源于由其与Fishbein共同提出的理性行为理论(Fishbein & Ajzen，1977)。计划行为理论在前者的基础上增加了“知觉行为控制”变量(Ajzen，1991)，对前一理论进行发展(见图6.1)。

该理论认为，推测某人的行为需要估计其行为意愿。从这个角度来说，人是否主观上有愿意实施某一行为的倾向会影响最终实际行为的达成(Choi & Johnson，2019)。此外，此理论还包括其他三个能够相互影响、能够影响行为意愿的要素：

(1)行为主体对该行为持赞成或反对、重视或轻视的反映(即“行为态度”)，如“我赞成/反对吃苹果对身体有益”。

(2)对行为主体具有重要影响的人或群体对其实施某一行为的期望(即“主观规范”)，如“我的妈妈十分希望我吃苹果”。

(3)基于过去执行某一行为的经验或预期未来实施此行为的阻碍，行为主体根据目前自身掌握的资源及能力来估计实施这一行为难易的程度(即“知觉行为控制”)，如“我吃不吃苹果仅仅取决于我”。

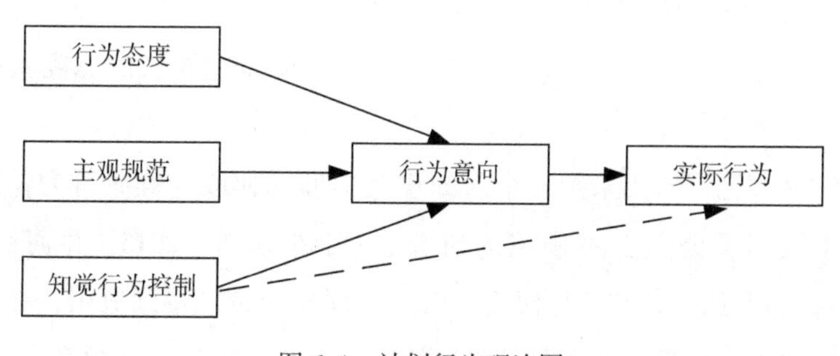

图6.1　计划行为理论图

6.1.2　态度-情境-行为理论

作为基于心理学的典型行为研究理论之一，态度-情境-行为理论由Guagnano et al. (1995)提出。此理论包括三个变量，核心思想是：环境行为是环境态度变量和情境因素相互作用的结果。当外部环境变量对行为的影响减弱时，环境态度对行为的影响就会变强。更有利的外部条件会促进相应环境行为的发生，更不利的外部条件则会阻止环境行为的发生。

6.1.3　KAP 理论

知-信-行理论(Knowledge-Attitude/Belief-Practice，KAP)是用来解释个人知识和信念如何影响健康行为改变的最常用的模式，由英国人柯斯特于20世纪60年代提出。该理论是改变人类健康相关行为的模式之一，也是一种行为干预理论，它将人类行为的改变分为获取知识(knowledge)、产生信念(attitude)和形成行为(practice)三个连续过程，即知识-信念-行为。“知”是对相关知识的认识和理解，“信”是正确的信念和积极的态度，“行”是行动。这三个要素之间是存在辨证关系的，知识是行为改变的基础，信念和态度是行为改变的动力。只有当人们获得了有关知识，并对知识进行积极的思考，具有强烈的责任感，才能逐步形成信念；知识只有上升为信念，才有可能采取积极的态度去改变行为。

KAP 理论通常用来阐释个人知识及信仰如何改变健康行为，所以多用于医疗及公共卫生领域的研究中(李维瑜等，2015；乔何钰等，2017)。研究认为，知信行模式在医疗护理多个领域得到应用，在社区慢性病的防治和管理中也取得明显效果，在其他领域包括教育、管理、健康等方面，也具有其可行性与有效性。故大学生能源意识与行为的研究也以其为理论基础。

6.2 研究设计

6.2.1 变量选取

结合文献研究部分与上小节的理论基础回顾，我们知道能源意识亦包含认知、情感、行为三大领域，知识、态度和行为是其重要维度，并结合“知-信-行”认知规律模式，提出大学生能源意识的知晓度、认同度和践行度三个主要维度。具体选取一下四个变量，并作出定义：

1. 知晓度

多数相关文献将“知晓度”理解为“对相应信息了解的程度”，包括对某一领域的概念、要素等信息的掌握程度。如环境知晓度可以理解为“与自然环境整体及其主要生态系统有关的包括基本事实、基本概念以及要素间联系的一系列一般知识”(Fryxell & Lo，2003)。Sánchez & Lafuente (2010)对于环境意识四维度中环境知晓度的定义是“对于与环境保护有关信息的学习以及学习的层次”。由此，能源意识的知晓度可以理解为调查对象对于能源相关概念及与能源有关的信息的了解程度。

2. 认同度

在计划行为理论中，对某一行为的态度表示主体对于这一行为重视或轻视、正面或负面、积极或消极评价的程度(Ajzen，1991)，可以理解为行为主体对于此行为喜欢或不喜欢的评价性反映。如 Choi & Johnson (2019)在研究中，将“人们对购买绿色产品所持积极态度”理解为“消费者认为购买绿色产品是一件好事”。由此，能源意识的认同度可以理解为调查主体基于能源认知形成的对于节能行为进行支持或不支持、喜欢或不喜欢的评价与反映，在一定程度上可以传达行为主体采取节能行为的内在动机或内在激励。

3. 践行度

在以往的较多研究中，很少有学者给出践行度的具体定义，大多把践行度等同于该行为是否最终实施，默认践行度较高代表行为最终实现的可能性更大。如绿色消费践行度可理解为购买对环境有益的或可循环使用的环保产品，从而避免对环境造成伤害或破坏(Jaiswal & Kant, 2018)。由此，我们将有利于生态环境保护的能源利用行为称为能源行为，能源践行度则可以理解为调查主体生活、工作或学习等方面实施节能行为的综合表现。

4. 节能意愿

综上，知晓度表示大学生对于能源相关知识和发展认知的了解程度，在此基础上形成的对具体能源问题的正确情感态度归属，即认同度。一名具有能源意识的大学生最终会体现在具有能源友好行为上，即践行度。但是，学者也发现具有积极态度的公民并不一定会产生友好的行为。理性行为理论认为态度影响行为意图，而意图反过来又塑造行为；计划行为理论则认为人是否主观上有愿意实施某一行为的倾向会影响最终实际行为的达成。在实际研究中，一部分学者将行为意图归纳至情感领域，另一部分学者则将其归纳至行为领域。在我们看来，行为意图是决定态度是否能转化成为实际行为的重要变量。因此，我们将行为意图分割出来以更好地分析能源意识维度的作用机理，并将其命名为节能意愿。

行为意愿的内容包括行为主体愿意为践行这一行为所支付的时间、金钱等资源和付出的努力。据计划行为理论，行为意愿在一定程度上代表了个体准备进行某行动的倾向(Yadav & Pathak, 2016)，如绿色购买意愿可定义为消费者为了减少环境污染或破坏而表示出的购买绿色产品的意愿(Dagher & Itani, 2014)。由此，节能意愿可以理解为是否愿意进行节能行为以及是否愿意为践行节能行为支付一定价格的节能行为意向。

6.2.2 研究假设

结合文献综述与上述分析，本研究提出如下假设，并依据理论基础及研究假设，构建了本书的研究模型(见图6.2)。

H1：大学生能源知晓度对其认同度有正向显著影响；

H2：大学生能源知晓度对其践行度有正向显著影响；

H3：大学生能源认同度对其践行度有正向显著影响；

H4：大学生能源知晓度通过认同度对践行度有正向间接影响；

H5：大学生节能意愿对能源践行度有正向显著影响；

H6：大学生能源知晓度通过节能意愿对践行度有正向间接影响；

H7：大学生能源认同度通过节能意愿对践行度有正向间接影响。

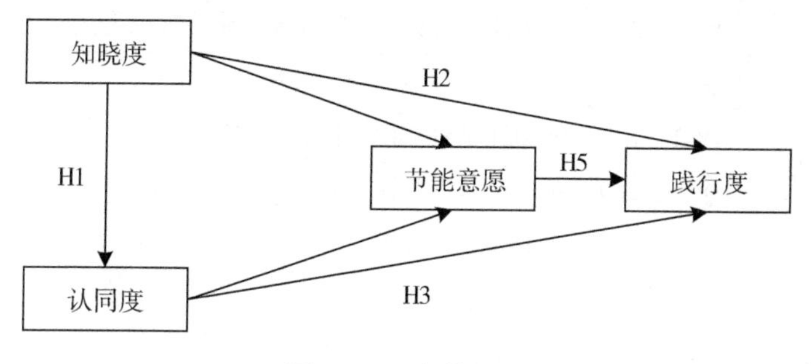

图6.2 研究模型图

6.3 假设检验

6.3.1 问卷设计

本章所使用的研究数据均来自中国地质大学(武汉)“全国大学生能源意识与行为”项目组于2017年5月至10月正式收集的6381份有效问

卷。问卷包含能源意识的知晓度、认同度、践行度、节能意愿这四个主要指标，共27个题项，采用李克特5级量表，便于赋分进行数据处理，详见表6-1。

表6-1　问卷量表及各构念题项

一级指标	题项
知晓度	ZS1　我知道哪些是常规能源，哪些是新能源
	ZS2　我知道什么是“绿色GDP”
	ZS3　我知道什么是“环境友好型社会”
	RZ1　我觉得中国能源消费总量增长很快
	RZ2　我觉得中国能源消费越来越依赖进口
	RZ3　我认为中国能源消费价格不太合理
	RZ4　我认为中国新能源消费所占比重太低
	RZ5　我认为中国能源消费造成的环境污染非常严重
认同度	QG1　我个人一直很关注能源消费问题
	QG2　如果我做到了节约能源，我会感到很愉快
	QG3　每次看到有人浪费能源，我都感到很气愤
	QG4　为了节约能源，即使要我克制自己的消费我也愿意
节能意愿	YT1　我有义务节约能源
	YT2　我愿为节约能源出一份力
	YT3　我愿意宣传新能源产品
践行度	XF1　在购买能源相关产品时，我会优先考虑新能源产品
	XF2　当我得知某产品高能耗时，我就尽量不再购买或使用它
	XF3　只要可能，我尽量循环使用能源相关产品，直至完全废弃
	XF4　我会劝说身边的人购买节能环保的产品
	XX1　我会主动了解能源方面的一些知识
	XX2　如果选课系统允许的话，我会主动选择一些能源相关的课程
	XX3　我会向所学专业与能源相结合的方向发展

6.3.2 信效度检验

1. 信度检验部分

信度分析旨在对整体问卷及每一个潜变量的测量项进行稳定性与内部一致性的评估。针对数据的信度，本研究采用广为接受的 Cronbach's α 进行检验，该系数又称克朗巴哈系数、内在信度系数、一致性系数，量表所有可能的项目划分方法得到的折半信度系数的平均值，是目前最常用的信度系数。

根据学者吴明隆的观点，通常 Cronbach's α 系数的值在 0 和 1 之间。如果该系数不超过 0.6，一般认为内部一致信度不足；超过 0.8 时表示量表具有相当的信度，超过时说明量表信度指标非常好，并且可以认为信度通过了检验。

表 6-2　　**各构面 Cronbach's α 系数**

指标	题项	题项的 Cronbach's Alpha	指标的 Cronbach's α 系数
知晓度	ZS1	0.876	0.894
	ZS2	0.888	
	ZS3	0.876	
	RZ1	0.873	
	RZ2	0.891	
	RZ3	0.883	
	RZ4	0.879	
	RZ5	0.879	
认同度	QG1	0.875	0.880
	QG2	0.831	
	QG3	0.832	
	QG4	0.843	

续表

指标	题项	题项的 Cronbach's Alpha	指标的 Cronbach's α 系数
节能意愿	YS1	0.914	0.927
	YS2	0.862	
	YS3	0.904	
践行度	XF1	0.915	0.929
	XF2	0.917	
	XF3	0.915	
	XF4	0.914	
	XX1	0.914	
	XX2	0.920	
	XX3	0.928	

由表6-2可以看出，“知晓度”维度的八个变量、“认同度”维度的四个变量、“节能意愿”维度的三个变量及“践行度”维度的七个变量的对应 Cronbach's α 系数均大于0.8，而四个维度层面对应的 Cronbach's α 系数(依次为0.894、0.880、0.927及0.929)也均大于0.8，说明四个维度的信度较好，可以认为该数据通过信度检验，数据信度良好。

2. 效度检验部分

数据的效度包括内容效度及结构效度。数据的内容效度方面，问卷由课题组结合前人研究基础上经过多次讨论而成，且咨询了该领域的相关专家、学者，各题项能够准确表达调研意图，体现调研目的。在问卷正式发放前以中国地质大学(武汉)大学生为对象进行试调查，对于预调查所反映的表述不清或使人误解题目作进一步修改，保证问卷的有效性，故数据的内容效度良好。数据的结构效度则利用 SPSS 软件对各维度数据效度进行检验。

(1)知晓度维度。

首先利用SPSS进行Bartlett球形检验和KMO检验，分析结果表明(见表6-3)，问卷量表部分的27个题项Bartlett球形检验 χ^2 值为26482.442(自由度28，sig=0.000)，8个题项反映的信息具有一定的重叠，具备因子分析的必要。KMO检验用于考察变量间的偏相关性，取值在0和1之间，KMO统计量越接近于1，变量间的偏相关性越强，因子分析的效果越好。本研究KMO值为0.843，表示比较适合进行因子分析。

表6-3 **知晓度KMO和Bartlett检验**

KMO取样适切性量数		0.905
Bartlett球形检验	近似卡方	26482.442
	自由度	28
	显著性	0.000

之后，采用主成分分析法抽取因素。据Kaiser的观点，需要保留特征值大于1的因素。而后，运用最大方差法，得到其因子载荷矩阵(见表6-4)。

表6-4 **知晓度因子载荷矩阵**

测试题项	成分	特征值	累积解释的总方差
ZS1	0.801	4.611	57.635%
ZS2	0.692		
ZS3	0.799		
RZ1	0.824		
RZ2	0.654		
RZ3	0.735		
RZ4	0.774		
RZ5	0.778		

此维度的特征值为4.611>1，与假设一致。各题项的因子载荷均大于0.5，累计解释的总方差为57.636%>50%，说明知晓度效度良好。

(2)认同度维度。

KMO值为0.834>0.800，达到进行因素分析的“良好的”标准(Kaiser，1974)。而此维度所得P=0.000<0.05，说明非常适合做因子分析(见表6-5)。

表6-5　认同度维度KMO和Bartlett检验

KMO取样适切性量数		0.834
Bartlett球形检验	近似卡方	13501.935
	自由度	6
	显著性	0.000

之后，采用主成分分析法抽取因素。与知晓度部分步骤相同，得到的因子载荷矩阵见表6-6。

表6-6　认同度维度因子载荷矩阵

测试题项	成分	特征值	累积解释的总方差
QG1	0.802	2.943	73.564%
QG2	0.883		
QG3	0.881		
QG4	0.862		

据表6-6，特征值为2.943>1，与假设一致。各题项的因子载荷均大于0.5，累计解释的总方差为73.564%>50%，说明态度维度效度良好。

(3)节能意愿维度。

KMO 值为 0.745>0.700，达到进行因素分析的“适中的”标准(Kaiser，1974)。而此维度所得 P=0.000<0.05，说明非常适合做因子分析(见表 6-7)。

表 6-7 **节能意愿维度 KMO 和 Bartlett 检验**

KMO 取样适切性量数		0.745
Bartlett 球形检验	近似卡方	15499.915
	自由度	3
	显著性	0.000

之后，采用主成分分析法提取因子。此处与知晓度部分步骤相同，得到的因子载荷矩阵见表 6-8。

表 6-8 **节能意愿维度因子载荷矩阵**

测试题项	成分	特征值	累积解释的总方差
YS1	0.921	2.619	87.289%
YS2	0.954		
YS3	0.928		

此维度的特征值为 2.619>1，与假设一致。各题项的因子载荷均大于 0.5，累计解释的总方差为 87.289%>50%，说明节能意愿维度效度良好。

(4)践行度维度。

KMO 值为 0.918>0.9，表明达到进行因素分析的“极适合的”标准(Kaiser，1974)。此维度所得 P=0.000<0.05，说明非常适合进行因子分析(见表 6-9)。

表 6-9　　践行度维度 KMO 和 Bartlett 检验

KMO 取样适切性量数		0.918
Bartlett 球形检验	近似卡方	33645.271
	df	21
	sig	0.000

之后，采用主成分分析法提取因子。此处与知晓度部分步骤相同，得到的因子载荷矩阵见表 6-10。

表 6-10　　践行度维度因子载荷矩阵

测验题项	成分	特征值	累计解释的总方差
XF1	0.860	4.912	70.173%
XF2	0.847		
XF3	0.857		
XF4	0.867		
XX1	0.865		
XX2	0.815		
XX3	0.745		

此维度特征值为 4.912 >1，与假设一致。践行度各题项的因子载荷均大于 0.5，累计解释的总方差为 70.173% >50%，说明践行维度效度良好。

整体结果表明数据的结构效度良好。

6.3.3　相关性分析

通过文献综述我们发现，能源意识的知识、态度、行为这三个重要维度之间的相关关系存在相互矛盾的研究结果。因此，我们采用 SPSS 软件对知晓度、认同度、践行度进行 Pearson 相关性检验。结果显示（见表 6-11），和大多研究一样，大学生能源意识的知晓度、认同度、践行度这三个维度之间存在高度且显著的相关关系。

表 6-11 相关性检验结果

	知晓度	认同度	践行度
知晓度	1		
认同度	0.777**	1	
践行度	0.749**	0.848**	1

注：**表示在置信度(双测)为 0.01 时，相关性是显著的。

6.3.4 大学生能源意识维度作用机理建模及分析

为了验证相关假设，我们以知晓度为外衍潜在变量，以认同度、节能意愿、践行度为内衍潜在变量，构建结构方程模型，并将问卷数据带入 AMOS 软件中，最终得到以下的模型(图 6.3 展示的模型图为修正后

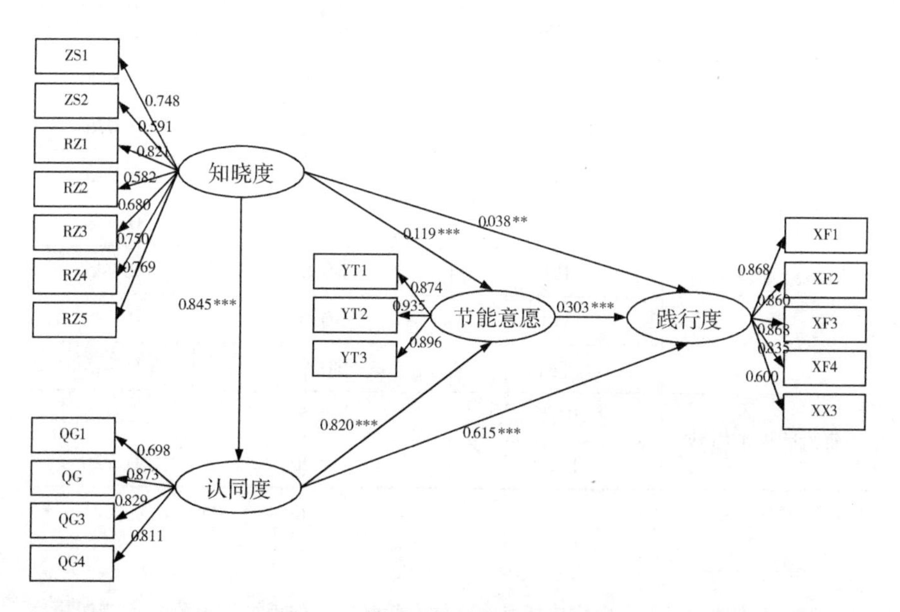

图 6.3 修正后的结构方程模型图

的最终结果)，图中显示的系数为路径系数。根据AMOS的输出结果进行模型适配度检验，判断模型构建的合理性，结果显示：RMSEA＝0.088，NFI＝0.913，RFI＝0.891，IFI＝0.914，TLI＝0.893。根据吴明隆的指标要求，RMR是样本方差和协方差减去对应估计的方差和协方差的平方和，再取平均值的平方根。RMR应小于0.05，RMSEA应该小于0.08，越小越好。本模型的RMSEA为0.088，大于0.08，RFI、TLI也不满足标准，模型拟合效果不佳，故根据修正指数MI进行模型修正，剔除指标ZS3、XX1、XX2，再次进行适配度检验。修正后的模型拟合优度结果见表6-12，绝对适配度指数、增值适配度指数和简约适配度指数均达到适配标准，结果表明在进行修正后，模型拟合度十分良好。

表6-12　　**修正后的模型适配度检验①**

	统计检验量	适配标准	拟合结果
绝对适配度指数	GFI	>0.9	0.927
	AGFI	>0.9	0.904
	RMR	<0.05	0.045
	RMSEA	<0.05优良，<0.08良好	0.076
增值适配度指数	NFI	>0.9	0.943
	RFI	>0.9	0.926
	IFI	>0.9	0.945
	TLI	>0.9	0.928
	CFI	>0.9	0.945
简约适配度指数	PNFI	>0.5	0.725
	PCFI	>0.5	0.726

①　卡方值、卡方自由度比皆易受大样本影响达型被拒绝，犯第一类错误概率增大，故此处不以卡方拟合优度作为拟合优劣标准。

在进行模型修正后，对模型的效度进行再分析。此时采用的是验证性因子分析，不同于探索性因素分析，验证性因素分析允许研究者首先假设观测变量和潜变量之间关系正确，将问卷题目中的观测变量固定地归类于不同的潜在变量。验证性因子分析指主要反映了一组观测变量与其对应的解释变量之间的构念关系。在这里主要通过考察测项的标准化载荷系数、平均方差提取量(Average Variance Extracted，AVE)和组合信度(Composite Reliability，CR)来进行检验，标准情况下因子载荷应大于0.50，AVE应大于0.50。CR是评价潜在构念内部一致性程度的指标，该数值越大，说明潜在构念下各测量指标的相关性越高，即测量指标的一致性程度越好，一般情况下CR应大于0.7。

根据修正后的标准化路径系数输出结果(见表6-13)，利用软件进行计算，知晓度维度对应的7个变量的因子载荷系数分别为0.769、0.750、0.680、0.582、0.821、0.591、0.748，所计算出的AVE值为0.505，CR为0.876；认同度维度对应的4个变量的因子载荷系数分别为0.811、0.829、0.873、0.698，所计算出的AVE为0.649，CR为0.880；节能意愿维度对应的3个变量的因子载荷系数分别为0.896、0.935、0.874，所计算出的AVE为0.814，CR为0.929；践行度维度对应的5个变量的因子载荷系数分别为0.868、0.860、0.868、0.835、0.600，所计算出的AVE值为0.661，CR为0.906，由此可知，以上的AVE值均大于0.5，CR均大于0.7，表明模型效度良好。

表6-13中呈现了部分假设检验的结果，各路径均达到对应的显著性水平。“知晓度—认同度”“认同度—践行度”“节能意愿—践行度”三条路径的路径系数分别为0.845、0.615、0.303，其P值在0.001的显著性水平下均显著，证明大学生能源知晓度能显著促进其认同度，积极的能源认同度对大学生能源友好的行为有显著正向影响，大学生在节能方面的行为意图对于践行度也有显著正向影响，这些结果分别支持假设H1、H3和H5。“知晓度—践行度”路径的标准化路径系数为0.038，尽管其路径系数不大，但临界比(C.R.)为2.4>1.96，表示参数估计值达

到 0.05 的显著水平，可以证明大学生能源知晓度对行为有显著正向影响，即证明假设 H1。

表 6-13　　标准化路径系数及显著性检验

路径	标准化系数	S. E.	C. R.	P	结果
知晓度—认同度	0.845	0.015	58.206	***	支持 H1
知晓度—节能意愿	0.119	0.022	6.777	***	
认同度—节能意愿	0.820	0.023	41.908	***	
节能意愿—践行度	0.303	0.021	12.230	***	支持 H5
知晓度—践行度	0.038	0.017	2.400	0.016**	支持 H2
认同度—践行度	0.615	0.031	20.512	***	支持 H3
知晓度—RZ5	0.769				
知晓度—RZ4	0.750	0.015	61.912	***	
知晓度—RZ3	0.680	0.014	55.339	***	
知晓度—RZ2	0.582	0.014	46.534	***	
知晓度—RZ1	0.821	0.015	68.784	***	
知晓度—ZS2	0.591	0.016	47.293	***	
知晓度—ZS1	0.748	0.015	61.695	***	
认同度—QG4	0.811				
认同度—QG3	0.829	0.013	77.506	***	
认同度—QG22	0.873	0.013	83.670	***	
认同度—QG1	0.698	0.013	61.418	***	
节能意愿—YT3	0.896				
节能意愿—YT2	0.935	0.009	120.843	***	
节能意愿—YT1	0.874	0.009	102.963	***	
践行度—XF1	0.868				
践行度—XF2	0.860	0.011	92.678	***	
践行度—XF3	0.868	0.011	94.338	***	
践行度—XF4	0.835	0.011	87.781	***	
践行度—XX3	0.600	0.013	53.215	***	

注：***表示 在 0.001 显著性水平下显著，**表示在 0.05 显著水平下显著。

接下来通过中介效应分析验证其他研究假设。中介变量衡量自变量 X 对因变量 Y 的影响，如果 X 通过影响变量 M 来影响 Y，则称 M 为中介变量。在我们的能源意识模型中认同度是知晓度和践行度之间的中介变量，节能意愿是知晓度、认同度、践行度之间的中介变量，因此进行中介效应检验以判断认同度与节能意愿是否存在中介效应。可以使用下列方程表示各潜变量间的关系：

$$Y = cX + e_1 \tag{1}$$

$$M = aA + e_2 \tag{2}$$

$$Y = c'X + bM + e_3 \tag{3}$$

式中，c 是 X 对 Y 的总效应；直接效应是指 X 对 Y 产生的直接影响，即 c'；间接效应是指 X 通过中介变量 M 对 Y 产生的间接影响，即 ab。当只有一个中介变量时，效应之间有 $c = c' + ab$，间接效应的大小用 $c - c' = ab$ 来衡量。利用 AMOS 软件，采用模型效应分解法证明是否存在中介效应并估计间接效应、直接效应，效应分解与检验结果见表 6-14。

表 6-14　　**中介效应输出结果**

路径	总效应	直接效应	间接效应
知晓度—践行度	0.804	0.038	0.766
认同度—践行度	0.863	0.615	0.248
节能意愿—践行度	0.303	0.303	0
知晓度—认同度	0.845	0.845	0
知晓度—节能意愿	0.812	0.119	0.693
认同度—节能意愿	0.820	0.820	0

“知晓度—践行度”路径直接效应(0.038)大于间接效应(0.766)，

由此可知，知晓度对践行度不仅存在正向直接效应，而且存在正向间接效应且以间接效应为主。认同度与节能意愿均是大学生能源知晓度到践行度作用路径上的中介变量：(1)知晓度可以通过认同度正向影响践行度，其间接效应为0.520(0.845×0.615)；(2)知晓度还可以通过节能意愿正向影响践行度，其间接效应为0.036(0.119×0.303)。据以上分析，可证明假设H4和假设H6。

认同度对践行度的直接效应为0.615，间接效应为0.248，这一间接效应是中介变量节能意愿的作用，此结果支持了假设H7，但在我们的研究中行为意图的中介作用较小，能源友好行为主要通过积极的能源意识认同度直接影响。

6.4　大学生能源意识影响因素分析

在前文中，研究通过文献归纳、实际考察及专家咨询确立了大学生能源意识四大影响因素：性别因素、年级因素、专业因素、地区因素，并依此进行了大学生群体间能源意识知晓度、认同度、践行度的描述性差异分析。在结构方程中，可以通过将这四类人口统计学变量作为调节变量，设置限制模型和非限制模型，进行多群组效应分析，通过检验模型是否具有跨群组效应来判定性别、年级、专业、地区等因素是否对能源意识维度的作用路径产生调节效应。根据性别、年级、专业和地区对总样本进行分类，采用AMOS软件进行多群组分析，基于各因素的调节效应SEM模型分析如下。

6.4.1　性别因素的影响

关于性别因素的限制性模型与非限制模型的模型适配信息如表6-15所示：

由表6-15可知，限制性模型与非限制模型在模型适配指标方面并没有明显变化，且各指标均符合模型适配要求，因此经过性别分类之后的两组数据与此模型均适配。

表 6-15　性别方面模型适配信息

统计检验量	适配标准或临界值	非限制模型结果	限制模型结果
RMSEA	<0. 05(良好)或<0. 08(合理)	0. 054	0. 053
NFI	>0. 90	0. 942	0. 940
RFI	>0. 90	0. 932	0. 934
IFI	>0. 90	0. 945	0. 943
TLI(NNFI)	>0. 90	0. 936	0. 938
CFI	>0. 90	0. 945	0. 943
PCFI	>0. 50	0. 807	0. 863
PNFI	>0. 50	0. 804	0. 860

表 6-16 表示性别因素分组回归分析比较无限制模型和限制模型。卡方值改变量 $\Delta\chi^2$(ΔCMIN/ΔDF)对应的临界比率 P 为 0. 000(小于 0. 05)，则 $\Delta\chi^2$ 显著，说明模型在性别作为调节变量的情况下，具有跨群组效应，即性别因素的调节作用显著。具体地，考虑性别影响因素差异的分解效应见表 6-17。

表 6-16　性别方面的部分文本输出

Model	DF	CMIN	P
限制模型(所有参数对应相等)	21	231. 792	0. 000

表 6-17　性别因素非限制模型的效应分解

路径	总效应(男)	总效应(女)	直接效应(男)	直接效应(女)	间接效应(男)	间接效应(女)
知晓度—践行度	0. 840	0. 762	0. 022	0. 033	0. 818	0. 729

续表

路径	总效应（男）	总效应（女）	直接效应（男）	直接效应（女）	间接效应（男）	间接效应（女）
认同度—践行度	0.893	0.831	0.656	0.563	0.238	0.268
节能意愿—践行度	0.288	0.344	0.288	0.344	0	0
知晓度—认同度	0.873	0.814	0.873	0.814	0	0
知晓度—节能意愿	0.852	0.789	0.132	0.154	0.720	0.634
认同度—节能意愿	0.825	0.779	0.825	0.779	0	0

从前三条所代表的直接效应路径角度来看，男性大学生能源知晓度和认同度对践行度的影响较大，而女性大学生的节能意愿对践行度的影响较大；男性大学生能源知晓度对其认同度、节能意愿和认同度对其节能意愿的正向直接效应较女性大学生更大。但是对于两组群体样本而言，能源知晓度对于践行度的影响以间接影响为主而直接影响较小，认同度对于践行度的影响以直接影响为主而间接影响较小。此外，知晓度对认同度、节能意愿的影响和认同度对节能意愿的影响均为正向显著影响，且影响水平较大。

进一步结合表6-18所示内容，从间接效应角度考虑，相较于节能意愿因素，认同度因素作为中介变量，能够对男生及女生的节能行为产生更大的正向显著影响。因此，据性别因素作为调节因素的分析结果表明，提高在校大学生的能源践行度要注意重视其能源认同度水平的提高以及能源知晓度水平的提高。

表6-18 **性别因素代表性路径对践行度的影响**

路径	间接效应(男)	间接效应(女)
知晓度—认同度—践行度	0.573	0.458
知晓度—节能意愿—践行度	0.038	0.053
认同度—节能意愿—践行度	0.238	0.268

6.4.2 年级因素的影响

关于年级因素的限制性模型与非限制模型的模型适配信息如表6-19所示：

表6-19 **年级方面模型适配信息**

统计检验量	适配标准或临界值	非限制模型结果	限制模型结果
RMSEA	<0.05(良好)或<0.08(合理)	0.054	0.052
NFI	>0.90	0.941	0.941
RFI	>0.90	0.931	0.936
IFI	>0.90	0.944	0.944
TLI(NNFI)	>0.90	0.935	0.939
CFI	>0.90	0.944	0.944
PCFI	>0.50	0.806	0.864
PNFI	>0.50	0.804	0.861

由表6-19可知，限制性模型与非限制模型在模型适配指标方面并没有明显变化，且各指标均符合模型适配要求，因此经过年级分类之后的两组数据与此模型均适配。

表6-20表示性别因素分组回归分析比较无限制模型和限制模型。卡方值改变量$\Delta\chi^2$(ΔCMIN/ΔDF)对应的临界比率P为0.158(大于0.05)，则$\Delta\chi^2$不显著，说明年级因素的调节作用并不显著。

表6-20 **年级方面的部分文本输出**

Model	DF	CMIN	P
限制模型(所有参数对应相等)	21	27.398	0.158

6.4.3　学科因素的影响

关于学科专业因素的限制性模型与非限制模型的模型适配信息如表 6-21 所示：

表 6-21　　　学科方面模型适配信息

统计检验量	适配标准或临界值	非限制模型结果	限制模型结果
RMSEA	<0.05(良好)或<0.08(合理)	0.045	0.043
NFI	>0.90	0.938	0.937
RFI	>0.90	0.927	0.932
IFI	>0.90	0.942	0.941
TLI(NNFI)	>0.90	0.932	0.937
CFI	>0.90	0.942	0.941
PCFI	>0.50	0.804	0.881
PNFI	>0.50	0.801	0.876

由表 6-21 可知，限制性模型与非限制模型在模型适配指标方面并没有明显变化，且各指标均符合模型适配要求，因此经过学科专业分类之后的两组数据与此模型均适配。

表 6-22 表示专业因素分组回归分析比较无限制模型和限制模型。卡方值改变量 $\Delta\chi^2$(ΔCMIN/ΔDF)为 6133.603/480(大于 2)，对应的临界比率 P 为 0.000(小于 0.05)，则 $\Delta\chi^2$ 显著，说明模型在学科作为调节变量的情况下，具有跨群组效应，即学科因素的调节作用显著。具体地，考虑学科影响因素差异的分解效应见表 6-23。

表 6-22　　　性别方面的部分文本输出

Model	DF	CMIN	P
限制模型(所有参数对应相等)	42	142.965	0.000

表 6-23　　学科因素非限制模型的效应分解

路径	总效应(A)	总效应(B)	总效应(C)	直接效应(A)	直接效应(B)	直接效应(C)	间接效应(A)	间接效应(B)	间接效应(C)
知晓度—践行度	0.786	0.831	0.790	0.060	-0.001	0.049	0.725	0.832	0.741
认同度—践行度	0.844	0.895	0.857	0.584	0.614	0.672	0.260	0.281	0.185
节能意愿—践行度	0.308	0.350	0.232	0.308	0.350	0.232	0	0	0
知晓度—认同度	0.831	0.874	0.823	0.831	0.874	0.823	0	0	0
知晓度—节能意愿	0.781	0.845	0.810	0.078	0.142	0.153	0.702	0.703	0.657
认同度—节能意愿	0.845	0.803	0.798	0.845	0.803	0.798	0	0	0

注：A 代表理工类样本；B 代表文史类样本；C 代表经管类样本。

根据表 6-23 信息可知，在知晓度对践行度的影响方面及认同度对践行度的影响方面，文史类专业大学生的能源知晓度、认同度对其节能践行度的总体影响较大，经管类专业大学生次之，理工类专业大学生最小；对于节能意愿对践行度的影响而言，文史类专业大学生的节能意愿对其践行度的总体影响较大，理工类专业大学生次之，经管类专业大学生则最小。其中，文史类样本(即 B 类样本)在测算知晓度对践行度的直接效应权重时出现负值(即-0.001)，说明文史类专业大学生的能源知晓度会对其能源践行度产生负向影响。此外，文史类学生的能源知晓度、认同度对节能践行度的影响最强，理工类学生的认同度对节能意愿的影响最大。但是由此表可知，对于三类样本而言，能源知晓度、认同度整体上对于践行度均有正向显著影响，知晓度对于践行度的影响以间接影响为主，认同度对于践行度的影响以直接影响为主。

进一步结合表 6-24 所示内容，由研究的三条间接显著效应路径的效果可得，知晓度变量主要通过影响能源认同度，进而影响节能践行度。此外，对于文史类和经管类大学生而言，认同度作为中介变量对于能源践行度有更大的影响；而对于理工类学生而言，相对于认同度，节能意愿作为中介变量对践行度有较大影响，但是两者差距并不大。因此，据学科因素作为调节因素的分析结果表明，提高大学生的能源践行度要重视知晓度和认同度两指标水平的提高，而对于理工类大学生来说，也要兼顾其节能意愿的培养。

表6-24 学科因素代表性路径对践行度的影响

路径	间接效应(理工类)	间接效应(文史类)	间接效应(经管类)
知晓度—认同度—践行度	0.485	0.537	0.553
知晓度—节能意愿—践行度	0.024	0.050	0.035
认同度—节能意愿—践行度	0.493	0.281	0.185

6.4.4 地域因素的影响

关于地域因素的限制性模型与非限制模型的模型适配信息如表6-25所示：

表6-25 地域方面模型适配信息

统计检验量	适配标准或临界值	非限制模型结果	限制模型结果
RMSEA	<0.05(良好)或<0.08(合理)	0.045	0.043
NFI	>0.90	0.938	0.936
RFI	>0.90	0.927	0.932
IFI	>0.90	0.942	0.941
TLI(NNFI)	>0.90	0.932	0.937
CFI	>0.90	0.942	0.941
PCFI	>0.50	0.804	0.880
PNFI	>0.50	0.801	0.876

由表 6-25 可知，限制性模型与非限制模型在模型适配指标方面并没有明显变化，且各指标均符合模型适配要求，因此经过地域分类之后的两组数据与此模型均适配。

表 6-26 表示地域因素分组回归分析比较无限制模型和限制模型。卡方值改变量 $\Delta\chi^2$（ΔCMIN/ΔDF）对应的临界比率 P 为 0.000（小于 0.05），则 $\Delta\chi^2$ 显著，说明模型在地域作为调节变量的情况下，具有跨群组效应，即性别因素的调节作用显著。具体地，考虑地域影响因素差异的分解效应见表 6-27。

表 6-26 **地域方面的部分文本输出**

Model	DF	CMIN	P
限制模型(所有参数对应相等)	42	150.094	0.000

表 6-27 **地域因素非限制模型的效应分解**

路径	总效应(D)	总效应(E)	总效应(F)	直接效应(D)	直接效应(E)	直接效应(F)	间接效应(D)	间接效应(E)	间接效应(F)
知晓度—践行度	0.841	0.779	0.703	0.033	0.074	-0.005	0.809	0.705	0.708
认同度—践行度	0.871	0.839	0.879	0.561	0.662	0.625	0.310	0.178	0.254
节能意愿—践行度	0.366	0.224	0.319	0.366	0.224	0.319	0	0	0
知晓度—认同度	0.886	0.801	0.768	0.886	0.801	0.768	0	0	0
知晓度—节能意愿	0.851	0.780	0.714	0.100	0.144	0.103	0.751	0.636	0.611
认同度—节能意愿	0.848	0.794	0.795	0.848	0.794	0.795	0	0	0

注：D 代表东部地区样本；E 代表中部地区样本；F 代表西部地区样本。

根据表 6-27 信息可知，东部地区大学生的能源知晓度对践行度的总影响最大，西部地区大学生则最小；东部地区大学生的节能意愿对践行度的总影响最大，中部地区大学生则最小；西部地区大学生的能源认同度对践行度的总影响最大，中部地区大学生则最小。其中，在测算西部地区大学生能源知晓度对践行度的直接效应时出现负值(即-0.005)，由此可知西部地区大学生的践行度会对其能源知识的积累产生直接正向影响。此外，东部地区大学生的能源知晓度对认同度的影响、能源知晓度对节能意愿的影响以及认同度对节能意愿的影响均明显大于中西部地区大学生。但经过数据比较可知，对于三类样本而言，知晓度、认同度对践行度的总效应均以正向影响为主，其中，能源知晓度对践行度的影响以间接影响为主，认同度对践行度的影响以直接影响为主。

进一步结合表6-28所示内容，相较于节能意愿因素而言，知晓度因素作为中介变量能够对践行度产生更大的影响。因此，据地域因素作为调节因素的分析结果表明，提高大学生的节能践行度要重视节能态度的提高。

表6-28　**地域因素代表性路径对践行度的影响**

路径	间接效应(东部)	间接效应(中部)	间接效应(西部)
知晓度—认同度—践行度	0.497	0.530	0.480
知晓度—节能意愿—践行度	0.037	0.032	0.033
认同度—节能意愿—践行度	0.310	0.178	0.254

综合影响大学生能源意识的因素，性别、专业、地区因素的调节作用显著，年级因素的调节作用不显著。从性别差异出发，性别对大学生能源意识模型具有显著调节作用，男大学生能源意识知晓度对践行度、认同度对践行度、知晓度对认同度具有更大程度的影响，然而女大学生节能的行为意图对实际的能源友好行为影响更大；从专业差异出发，在知晓度对践行度的影响方面及认同度对践行度的影响方面，文史类专业大学生的能源知晓度、认同度对其节能践行度的总体影响较大，经管类专业大学生次之，理工农医类专业大学生则最小，而理工农医类专业的

大学生在知晓度对认同度的影响程度上则强于经管类专业的学生；从地区差异出发，东部地区大学生的能源知晓度对践行度的总影响、知晓度对认同度的总影响最大，西部地区大学生则最小；西部地区大学生能源认同度对践行度的总影响最大，中部地区大学生则最小。

6.5 结论与建议

本章通过构建结构方程模型，引入行为意图变量，探究了大学生能源意识知晓度、认同度、践行度的系统性关系，探明了大学生群体能源意识认知、情感、行为三个领域重要维度的作用机理，并在此基础上通过多群组分析识别了不同影响因素对大学生能源意识的影响。结果发现，基于理论设定的七条研究假设全部成立，并得出以下结论：(1)大学生能源意识的知晓度对其认同度有正向显著作用；(2)大学生能源认同度对践行度的影响最大，且以直接效应为主；(3)大学生能源知晓度对践行度的影响较大，但以间接效应为主；(4)大学生节能意愿对践行度的影响相对较小，但其可作为知晓度、认同度对践行度影响路径的重要中介变量；(5)经过中介效应检验论证可得，认同度和节能意愿作为直接变量的同时，也均可作为中介变量，对践行度具有重要的影响；(6)经过调节效应论证可得，性别、专业以及大学所在地这三个因素对于能源意识知晓度、认同度、践行度之间的影响路径有着显著的调节作用，而年级因素的调节作用并不显著。

根据以上实证结论，提出以下建议：

1. 加强大学生对于能源知识的学习和了解

在本次实证分析中，在上述所列的关于三大变量(知晓度、认同度、行为意图)对于践行度的总效应及相关信息可以看出大学生能源知晓度对认同度的影响较大(总效应达0.845)，对于节能意愿的影响较大(总效应达0.812)，据此可知，提高大学生能源知晓度关系着大学生节能行为意图、认同度的强弱，并对大学生能源绿色行为有重要意义。而据计划行为理论可知，人的行为并不是完全出于自愿，外在压力(或主观规范)对最终行为的产生也有重要的作用。因此，除大学生自我约束进行能源知识的了解学习外，提高大学生的能源意识的知晓度也需教育部门完善相关节能环保的教育体系，提高环保节能方面的教育质量。

大学生能源知晓度与目前高校对于能源教育的重视程度、能源方面的课程设置等多方面要求有着较为密切而重要的联系。美国、日本以及我国的台湾地区都注重将能源相关内容以课程形式进行讲解并取得了较好的成果，大陆高校则可以考虑借鉴台湾地区或国外等地的经验，改善国内相关课程安排的质量。为提高大学生能源意识的知晓度，一项重要措施便是学校注意运用科学方法将能源知识的传授以及目前能源形势的讲解纳入学生的培养方案，并通过考核等方式督促、加强学生对于此方面知识的学习。

2. 促进大学生积极的能源认同度，督促大学生践行节能行为

大学生自身能源行为不仅受到能源知晓度的影响，还受到了认同度和节能意愿的作用。认同度与节能意愿这两个因素无论作为直接变量还是中介变量，均对践行度有重要影响，因此，提高大学生的能源认同度，促进积极的节能态度和节能意愿对于改善目前大学生能源意识的践行度情况有着重要意义。基于能源问题的特殊性质与重要影响，大学生能源认同度与大学生自身的主观能动性和道德责任感有着密切的联系。因此，除学校等教育部门进行相关引导之外，当代大学生应当树立主人翁意识，积极承担社会责任，了解并重视我国能源经济发展方面的严峻形势，从自身做起，提高对于能源问题的重视程度，减少或杜绝自身能源浪费行为。

3. 政府方面通过提高大学生节能意愿以促进节能环保类产品的消费

节约能源，提高能源利用效率对于国家发展有着重要的意义。大学生乃至多数社会消费者的节能意愿与节能行为受到了节能产品本身质量及可获得程度、个人经济条件等多种因素的影响，而相关研究人员论证出经济因素是影响大学生节能行为意图的重要因素，进而影响大学生的节能行为(Jia et al.，2018)。政府层面高度关注能源问题，若要有效促进大学生能源意识的践行度或实现长远节能目标，则应做到以下两点：

(1)要重点关注节能技术，以节能技术的进一步创新和推广来带动实现节能减排目标。节能技术科技含量的提高可以在有效提高能源利用效率的同时减少相关污染物的排放，实现绿色环保。改进节能技术，则会降低企业生产节能型产品的成本，提高绿色节能产品的生产效率，提高市场上节能产品的供给。但是客观而言，节能技术的初始研发阶段需要进行大量的投资，进行此环节对于以盈利为最大目标的社会企业有着一定的困难，因此政府需要在此方面注入大量资金，以协助相关企业进行研发和生产。

(2)要利用强制性的监管措施或补贴、税收等经济手段来引导大学生或消费者进行节能消费。大学生节能意愿作为中介变量关系着能源意识知晓度、认同度同践行度之间影响的实现，在一定程度上可以衡量出大学生在实际生活中具体践行节能行为的内在动机。客观而言，大学生经济未实现独立，且自身价值观等正在形成，意识方面容易受到周围环境的影响。因此，政府利用强制措施或市场手段引导、促进大学生乃至消费者进行绿色节能消费是提高其践行度的重要途径。政府自 2004 年以来逐步限制燃油消费，有效促进了公众对节油型燃油汽车的消费；自 2011 年以来强制白炽灯退出市场，有效促进了社会公众对 LED 照明工具的购买。因此，政府可以在节能消费领域通过强制淘汰高耗能产品以提高大学生乃至社会公众对于节能产品的购买。而政府目前对于市场的调控多采用税收优惠、补贴等手段。为引导节能消费，政府可通过对企业进行税收优惠，引导其进行节能产品的生产；可对节能产品提供消费补贴，降低其购买成本，提高市场有效需求。

4. 注重大学生个体差异对能源意识维度作用路径的影响

根据调节效应部分实证结果可知，大学生性别、专业、地区的差异对能源意识具有调节效应，这些差异会产生能源意识知晓度、认同度、践行度作用路径之间不同强度的影响。因此，高校在进行能源教育时应考虑性别、专业、地区等因素的影响，更加精准地达到培养具有能源意识的大学生的目的。

6.6　本章小结

本章在结构方程框架下探讨了大学生群体中能源意识维度的作用机理，引入节能意愿变量，明确了大学生能源意识的知晓度、认同度及践行度的系统性关系。同时，探究了各影响因素对大学生能源意识的影响。最后根据实证结果提出几点建议，对于有针对性地强化大学生能源意识具有重要的借鉴意义。

第7章　大学生能源教育现状及发展方向

7.1　大学生能源教育现状

与发达国家相比，中国能源教育起步较晚。一些发达国家已经形成了各具特色的能源教育体系和推广模式，并且在国民中起到了很好的教育效果，提高了节能和环保的双重效益。从20世纪70年代起，美国、日本、德国和挪威等国在教育课程改革中就积极地纳入了能源教育的内容。而中国能源教育起步较晚，且并未形成系统的能源教育体系。

随着能源意识教育越来越被重视，一些基础的节能意识开始为大家所熟知。1990年国务院第六次节能办公会议上确定设立节能宣传周。从1991年开始，全国节能宣传周每年举办。鉴于全国性的缺电状况，2004年全国节能宣传周活动由原来的11月改为6月举行，这一改变的目的是在夏季用电高峰来临之前，形成强大的宣传意识，唤起人们的节能意识。每届全国节能宣传周都会有其特有的宣传主题与宣传口号，并且结合该主题在全国各地开展各项不同的活动，旨在不断地增强全国人民的“资源意识”“节能意识”和“环境意识”。这一举动也象征着能源教育走上基本的宣传教育的道路。同时，能源宣传周活动的举办不仅面向大学生，还面向整个社会，为全社会节能思想打下基础。

项目组在进行实证调研时，就大学生能源意识及能源教育现状与发展等问题，与高校多位教师进行了交流，结合对大学生的群体调查以及文献资料的整理，我们发现：尽管简单能源意识教育开始发挥初步作用，但其关注重点多表现在节能方面，系统而专业的能源教育体系并未建立，大学如何促进大学生乃至大学教育工作者高效利用能源的能源意识以及培养能源科研人才的问题还有待进一步解决。在大学生的教育体系中，一方面，相关部门及高校在能源教育课程的开设、教材的撰写等方面并没有给予充分的重视程度。大学能源教育还停留在大学专业教育的范畴，除了少部分从事能源相关领域研究的教师外，很少有老师在讲课中主动涉及能源相关的内容。对于非能源专业类的学生而言，能源知识更加匮乏，他们只能从日常生活中积累点滴的能源常识，没有系统地了解能源知识的有效载体。虽然存在能源相关的公选课，但能源教育的课程开设较少，而且部分教职工自身对于能源意识理解具有局限性，向学生开展的能源教育存在片面性，使得大学生对于能源的认知并没有达到清晰且准确的程度。另一方面，大学生正处于一个非常特殊的阶段，他们朝气蓬勃，思维敏捷而富有激情，具有强烈的自我意识，追求时尚与自我。大学生具有强烈的社会责任感与主人翁意识，关注社会热点，针砭时政利弊，但他们的心性还不够成熟、阅历还不够丰富、自我控制能力不够强大，自身行为很容易受环境影响。这些因素使得大学生对现有能源教育的重视程度也不够。

7.2　大学生能源教育发展方向

基于中国大学生能源意识教育的现状，诸多关于能源意识教育的问题亟待解决。比如，在关于大学生能源意识教育的重要性、大学生能源意识教育目的、大学生能源意识教育方式等方面，国内尚未达成共识。

大学能源教育的基本目的在于使受教育者理解能源的基本含义；能够积极地关心能源及环境问题，提高能源意识；认识能源的有限性和节能的必要性，树立节能观念，提高节能技术；认识能源在社会发展中的重要地位，正确理解和把握能源及环境问题跟人类生产生活之间的密切关系；养成科学处理能源及环境问题的实践态度及对能源问题的自我价值判断能力和意志决定能力，树立与环境相协调的合理生活方式，并积极参与到共建可持续发展的和谐社会过程中去。

加大对大学生能源教育的力度，提高大学生能源意识水平，需要相关部门、高校、学生多方的共同努力。能源教育是个长期的过程，工欲善其事必先利其器，要发展能源教育，首先应该建立完善的能源意识教育体系，提高能源教育硬实力，确定能源教育内容，编纂合适的教材，确定基础教育手段。一些发达国家和地区从学校基础教育抓起，将能源教育技能知识编入教材。加拿大一些非营利性组织提供了世界一流的教材，通过合作伙伴开发和提供能源教育资源给教师、学生和其他在能源资源学习方面有兴趣的人员。左远志在《大学生开展能源教育的新视角》一文中提出能源教育主要有五个方面的内容：(1)能源概念；(2)能源知识；(3)能源技术；(4)能源与人、环境的关系；(5)节能行为。将能源教育教材化可以使教师对大学生进行能源教育时有本可循，为能源意识的培养提供理论支撑，避免了过于片面的能源知识渗透。其次，在教师传道受业解惑之前，应完善大学教师能源机制，培养大学教师的能源教育素养，通过各种能源教育培训来提高整个师资团队的综合素质，使教师可以顺利推进能源教育的各项任务，形成系统化建设，培养大学生的能源意识。教师在讲授能源相关知识时，应考虑到学生的专业差异，尽可能与学生的专业相联系，让学生能从自身专业出发思考能源问题。另外，国家及相关机构可以完善立法及相关政策，以保障能源意识教育进入大学校园，可以由教育部及相关能源机构配合，建立试点学校。大学能源教育最终将会向社会输出一批批具有能源意识的人才，特别地，高校可以建立联合培养或联合办学的模式。可根据每个企业自身需要调整理论课和实践课的比例结构和内容结构，还可在高等院校之间以及高等院校与一些企业之间进行合作，联合开发讲义和教材、开设有关能源的课程，采取学校和企业联合教育和培养学生的模式，实行订单式定向培养方式，通过在高等院校学习和掌握专业理论、再到企业进行实训等实践操作的方式，改变以前那种全靠高等院校自身教育培养学生的单一培养方式，采用联合培养方式，培养企业最需要的人才。

第8章　结论与建议

8.1　主要结论

本研究在结合国内外的文献基础上采取调查问卷的形式对影响大学生能源消费行为的因素进行分析，整理归纳能源意识与行为，初步构建大学生能源偏好的调查问卷，进而构建了大学生能源意识评价指标体系，对正式的调查问卷进行评估，同时对调查问卷的结果进行全面的分析，而后进行了验证和修正。本研究收回有效问卷6381份，有一定的代表性。

迄今为止，国内针对大学生这一特殊群体的节能研究没有得到充分的开展。本研究量表中的维度及项目的设计均充分考虑到当代大学生的特点，预测试在中国大学生中进行，最后的量表应用也是在中国的大学生中进行，总结出的大学生能源意识现状及节能行为、节能意愿、能源知识现状均具有中国大学生的特点，提出的建议也是针对中国大学生的现状。因此，本研究不仅对中国大学生节能意识测评工作有所贡献，更重要的是，唤起中国的大学生对节能的重视，为高校管理者及能源工作者提供基本的思考与决策指南。

8.1.1　大学生能源意识整体呈现低水平平均的特点

调查问卷中的题目主要是关于大学生能源消费的知晓度和践行度的

调查。本次调查结果显示，大学生能源意识整体呈现低水平平均的特点，掌握程度大多集中在“一般”和“基本同意”的水平，“完全同意”“不太同意”和“完全不同意”的情况较少。能源意识的知晓度、认同度及践行度得分情况为：认同度(73.09 分)>践行度(70.34 分)>知晓度(68.78 分)，呈“低认知、中行为、高认同”特点。

在能源的相关知识方面了解不够，广度和深度都有欠缺。在 8 道知识性问题中，对于“我知道哪些是常规能源，哪些是新能源”(53.06%)、“我知道什么是环境友好型社会”(54.22%)和“我觉得中国能源消费总量增长很快”(60.46%)这几个问题的了解率较高，另外，大学生对于能源消费对生态环境造成的恶劣影响十分担忧(58.19%)。但仅有不到一半的受访者了解什么是“绿色 GDP”(40.32%)、“我觉得中国能源消费越来越依赖进口”(37.53%)和“我认为中国能源消费价格不太合理”(42.07%)。这表明大学生具有一定的能源意识知晓度，但对于绿色发展的了解尚处于初识阶段，认知不够全面和深刻。

大学生能源意识与行为的认同度调查中，绝大部分大学生能够正确认识到我国所面临的能源消费形势十分严峻，对于能源现状表示担忧，绿色发展意识的认同度普遍较高。具体分析，能源问题调查中总共有 9 个问题，在“我个人一直很关注能源消费问题”问题上，不太关注或者完全不关注能源消费问题的大学生仅占 19.65%，表明大学生对能源消费问题保持持续关注。在“如果我做到了节约能源，我会感到很愉快”问题上，大多数大学生表示赞同(94.55%)，在“每次看到有人浪费能源，我都感到很气愤”问题上，大多数大学生表示赞同(95.08%)，说明大多数学生比较注重节约能源，对于节约或浪费能源行为有着较为强烈的情感态度。在“我有义务节约能源”和“我愿为节约能源出一份力”问题上，大学生“完全认同”和“基本基本”占的比重最多(67.25%、70.76%)，表明大学生愿意去践行节约能源，但在“为了节约能源，即使要我克制自己的消费”的意愿上却有所下降(53%)。

大学生能源意识与行为之间存在“知行”脱离的现象。半数以上

(58%)的受访者表示“我在购买能源相关产品时，我会优先考虑新能源产品”；半数以上(58%)的受访者表示愿意“当我得知某产品高能耗，我就尽量不再购买或使用它”；59.58%的受访者表示“只要可能，我尽量循环使用能源相关产品，直至完全废弃”。超过半数的受访者(53.3%)表示“我会劝说身边的人购买节能环保的产品”。半数以上受访者(51%)表示“我会主动了解一些能源方面的知识”。但在学习和就业发展中，如果选课系统允许的话会主动选择一些能源相关的课程践行比例仅为46%，在选择就业方向和城市时仅有42%的大学生表示愿意向所学专业与能源相结合的方向发展。说明了在践行节能行为中大学生的自身利益与个人形象占据主要因素，缺乏合理监督他人、行使自己权利的意识，同时，对于政策法规的了解和宣传节约能源行为上有所欠缺，在实际行为上与高能源意识认同度水平不相符。

8.1.2 高校在能源教育观念、方式以及深度上有待于进一步改善

教育对于提高大学生能源意识起到基础作用，但整体效果欠佳。有40.02%的受访者表示自己的所学专业涉及能源；但是随着年级的增加，大学生的能源意识并没有形成逐步上升的趋势，研究生和博士生也并没有得到显著的提高；另外，只有少部分大学生是从“政策文件/课堂学习”“实践活动”中获取能源知识，这也说明目前的节约能源教育依然面临挑战。

应试教育有利于提高大学生对能源消费的知晓程度，却轻视了节约能源素质的培养，难以使学生形成真正的节能情感和节能道德，最终形成良好的节能行为规范。对于国家的能源分类以及环境友好型社会的知晓度较高，但是对于“绿色 GDP”的知晓却略低。这说明目前的教育形式虽然使学生被动接受了相关知识，然而由于没有形成良好的绿色发展素养，大学生对于获取相关信息，例如生活方面的知识以及国家政策的关注积极性不足。

以渗透式教育为主要方式，缺少能源消费专题式教育。就目前而言，我国的能源消费教育通常是渗透在很多课程中，从调查数据可知：除文史哲类专业知晓度、认同度、践行度水平较低，认同度较高外，其他专业能源意识没有明显差别，整体水平较低。渗透式弊端在于在这种方式下能源知识教育往往只停留在表层，从知晓度的数据看来，能源意识知识的了解程度多为“一般”。这使得大学生无法深入、系统地了解能源消费，从而形成良好的能源意识。

8.1.3　普遍认为政府是主要的责任主体，但个人的生态参与意识也逐渐加强

在大学生群体中仍然出现了政府指向性的情况，在责任意识调查的问题上，本调查运用选项综合赋分把政府、个人、教育者、媒体、其他五个责任主体进行排序，其中政府得分最高(3.60)，其次是个人(3.35)。这表明大学生虽然具有一定的责任意识，但是仍然把绿色发展的主要责任归结于政府。责任意识的强弱直接决定了绿色发展的主力军群体，本来应该是以大学生为代表的公民，但是却出现了责任转移的情况，制定方针政策的政府被认为是绿色发展的主要承担者。

这只能说明，在绿色发展方面我国仍然停留在政府统筹安排阶段，但能源意识没有深入公民意识中，连接受能力较强的大学生群体对于推动绿色发展的责任意识也相对淡薄。国家对于节约能源绿色发展的宣传没有到位，从责任主体排序中就可以看出，媒体排在倒数第二位，仅有2.66分，媒体没有尽可能发挥强大的宣传教育职能，推动绿色发展在国家计划和个人参与之间没有很好地连接。

同时，42%的大学生在未来规划中愿意将所学专业与能源相结合，表明大学生已经逐渐把绿色发展放在自己的生活和学习中，甚至同自我价值体现联系在一起。可以看出，大学生的绿色发展参与意识不断增强，渗透在日常生活中，并且对大学生自己的选择产生正面的、积极的影响。

8.1.4 新媒体成为获取相关知识的主要渠道，但更多为被动接受而非双向获取

据调查结果看，大学生获取能源知识的渠道排在前三位的依次是网络报道、政策文件、行业报告，网络报道这一途径得分最高(3.60分)。在与大学生的交流中我们也发现，网络成为获取、传播能源知识、信息的重要渠道。由此可以看出，在当前信息化的时代大背景下，互联网在人们生活中发挥着越来越重要的作用，随着信息化越发深入到大学生的日常学习和生活中，互联网的快速简便等功能使大学生更倾向于通过该渠道了解能源相关的知识。随着移动互联网和移动终端的发展，网络已成为能源知识传播效果最佳的渠道。由“媒体”这一项选择较少，我们可知在推动绿色发展过程中，相关部门应在此方向上有所改进，做出相应的改变，让更多大学生积极参与到绿色发展中来。

除此之外，大学生对于获取能源相关信息的主动性也有待提高，其一是因为大学生能源意识还不够强，其二是因为能源知识的传播方式并没有很好地与大学生相适应，传播效果不佳。

这些表明了绿色发展宣传手段必须多元化和结构化，要适应互联网与大数据时代的传播规律，更多运用新媒体创新传播途径和方式，同时更重要的是，要满足大学生的心理，适应大学生的生活方式与生活习惯，使绿色发展的知识与理念及时且有效地覆盖到大学生群体中去，并让他们乐于接受。

8.1.5 大学生生态文明意识水平受性别、年级、学科和地区等因素的影响

调查结果显示，性别、年级、学科和地区对大学生能源意识有显著的影响作用。

(1)从性别因素分析，男生的能源意识略高于女生，具体情况如下：男生的能源分类知晓度略高于女生；男生的“绿色GDP”知晓度整

体高于女生；男生的“环境友好型社会”知晓度稍高于女生，整体水平接近。这也启示在进行大学生能源意识培养的教育过程中要注重性别角色的社会差异。

(2)年级因素作用结果显示，各年级未出现理想中随受教育层次提高能源意识增强的梯度，而是表现为反序的差别，即我国大学生的能源意识在三大维度中低年级的得分均要高于高年级的得分，尤其体现在认同度与践行度上。优质的教育应当是覆盖范围广的，在学生的能源意识培养上有所倾注；优质的绿色发展教育应当是触及深度大的，受教育层次越高，所体现的能源意识越强。

(3)学科差异表明，尽管各学科普遍涉及能源知识内容，对大学生能源意识的培养有一定帮助，但仍存在较为明显的学科差异。其中，文史哲类专业学生的知晓度水平较低，在低年级中有显著差异；经济管理类学生的能源意识认同度水平较高，文史哲类低年级得分显著高于高年级，在践行度中经管类专业和理工农医类学科没有明显差异。这也与专业的专业性较强、涉猎范围具有局限性有关。这也反映出，在某些学科的教学中未能与时俱进，为学科内容注入新的富有生命力的内容。

(4)地区差异所带来的结果显示，西部地区大学生能源意识知晓度水平较高；西部地区大学生能源意识认同度水平较高；西部地区大学生能源意识践行度具有更明显的优势。这反映了我国大学生的能源意识存在一定的地域差异，其的形成与各区位有一定联系，也体现了大学生能源意识的地区特色相关性。

8.2　建议

8.2.1　政府在大学生能源意识教育中主要起引导和保障的作用

(1)能源教育的实施需要经济基础作为保障。为此，国家应加大财政支持力度，充分调动社会资源积极参与能源教育建设，鼓励、支持和引导社会资金投资能源教育领域；大力拓宽资金筹措渠道，并设立能源教育专项资金账户，为推动能源教育提供坚实的物质保障。

(2)能源教育的法制化是落实节能减排政策、贯彻绿色能源理念的制度保证。国家需要建立健全相关法律法规，加快制定实施《能源教育法》的进程。法律不仅可以从制度上确立能源教育的重要地位，而且可以规范和设立各级政府能源教育监督管理和执行机构，从而促进能源教育的健康发展。

(3)政府应鼓励各种以绿色能源及相关领域为主题的非政府组织健康发展。民间力量是促进公众对能源问题的关注与参与热情的有效激发力量，是对政府引导行为的有力补充，也是目前我国公民参与能源建设有效和可行的途径。在绿色能源建设的过程中，政府通过政策的扶持和倾斜、相应制度的改革创新来为其提供更加广阔的发展空间，促进政府、社会组织与高校的有效协作，对于能源教育而言是可行且有意义的做法。

(4)有关政府部门应做好大学生能源意识的研究与调查，将其规范化、常态化。及时了解大学生能源意识水平、能源教育效果及绿色能源建设对大学生能源意识的影响，从而提高研究全国能源意识乃至能源素质的途径与方法，为推进能源教育进一步发展奠定科学基础，提供数据支撑。

8.2.2 进一步加强高校生态文明教育工作，加快构建高校能源意识教育体系

(1)发挥高校能源意识教育的主阵地作用，成立高校能源意识管理研究中心。系统规划高校能源意识教育的开展，根据本校的实际情况制定能源意识教育实施纲要。条件成熟的高校应建立起多领域、多学科的科研机构，广泛联合各学科学者进行深度合作，探讨绿色能源的建设途径，建立系统、全面的绿色发展人才培养体系，培养一批高层次从事新

能源科研和实践的新型人才。同时，根据高校实际情况编写审定能源教育教材，向社会普及能源意识理念，倡导绿色、节能、减排的社会风尚。

(2)健全高校学科体系，开设系统化、综合性的能源教育课程。目前的能源意识教育分散在各学科领域，教学效果难以保证。为培养合格的能源建设与管理的专业人才，应尽快整合现有的相关学科及研究方向，建立能源的专门学科方向，完善学科体系设置，同时开展硕士、博士等高层次的能源建设专业人才培养和科学研究，培养高素质的能源建设与管理人才。开设能源通识教育，充分考虑到不同高校、不同专业的需求，有方向地进行能源意识教育，同时依托高校相关的学生组织及社团，开展与能源相关的社会实践活动，让学生亲身参与，实现课堂学习和课外实践的有机结合，从而使大学生的能源意识落实到行为，提高大学生的"知行"转化能力。开设能源意识选修课程，引导非能源类专业的学生把自己的专业和能源有机结合，进一步引导学生深入学习了解我国能源现状、能源法制、能源消费等相关知识，给学生介绍最新的能源建设的理论与实践进展。

(3)提高师资队伍的能源意识教育水平。教师是高校能源意识教育的主干力量，教师自身素质的高低直接影响到高校能源意识教育的成果。目前，我国高校中能够开展系统全面的能源意识教育的师资力量非常匮乏，加强高校能源意识教育工作，就要建立专业从事能源意识教育的师资队伍。发挥高等院校培养专业人才的优势，建立起一套系统的培训能源意识教育师资的管理体系，为能源意识教育培养出社会需要的多层次人才。同时，加强对师范院校及相关专业学生的能源意识教育，培育未来能源意识教育队伍。

(4)加强校园能源意识建设，充分发挥校园媒体及相关社团组织的作用。建设绿色校园，首先是要进行"硬件"设施的建设，即基础设施的建设，其次是"软件"建设，即绿色能源校园文化活动。校园是开展大学生能源教育的物质载体，因此，高校自身要成为能源意识建设的先行者，同时，发挥校园媒体的作用，营造校园风气，塑造校园形象，鼓励高校能源组织及社团的发展，营造绿色能源发展氛围，培育大学生能源意识。

(5)完善大学生德育测评指标体系。大学生是能源意识的传播者和践行者，将能源意识列入大学生德育测评指标体系之中，是对构建大学生能源意识的量化体现，有利于提高大学生的思想行为约束性，有利于大学生绿色能源价值观的养成，有利于高校能源意识教育产生以点带面的作用，对大学生的行为产生正向作用，促进大学生的发展，也对开展高校能源意识教育工作产生良性效应。

8.2.3 媒体应加大生态文明的宣传力度，拓宽宣传渠道，创新宣教方式

媒体作为社会信息的传播者有责任配合国家政策大力宣传能源意识建设，但是现在的媒体对能源意识的敏感度不够，没有把能源意识这个概念渗透进生活中，而是把它当作国家政策的一部分进行宣传，这样的结果是诱导广大人民群众把能源意识建设的责任归结于政府，对能源意识建设没有高度的责任意识。所以媒体应该主动承担起能源意识的宣教工作。

拓宽宣传渠道，利用媒体的多样性增加能源意识的宣传途径。首先，网络是当下传播速度最快、受众人群最广，并且是大学生获取信息最常用的途径，在网络上可以通过各种社交软件的公共号进行专题宣传，也可以在大学生经常浏览的网页设置能源意识的宣传广告。其次，电视和报纸期刊等也是主要的传播媒介，电视的受众群体广泛，是一个有效的宣传途径，报纸、期刊等根据不同的主题有不同的受众群体，在专业性比较强的报纸和期刊上进行能源意识宣传更有利于大学生的信息获取。

创新媒体的宣教方式，让能源意识宣传的内容和形式都能吸引大学生的关注。可以联合电视节目做有关实地考察能源浪费、能源枯竭的大学生真人秀，也可以以大学生为主体开展“全国大学生能源保卫战”等

活动，以比赛的形式进行，并结合一定的物质奖励。主要目的在于扩大能源意识的影响力和增加大学生对于能源意识的熟悉程度。同时专业期刊也可以开展针对大学生的有关能源意识的论文征集，不但可以让能源意识这个主题进入非能源类专业学生的事业中，同时也可以鼓励大学生亲自在能源意识上做专题研究和社会调查。

针对大学生群体的特质制定适合大学生的能源意识宣教计划。大学生群体作为正在接受高等教育的青年人，已经具备一定的思考和理解能力并且对新兴事物很有兴趣，对于大学生能源意识的知识性宣教不能局限于知识的展示，更多的应该是对能源意识的自我探索和研究。首先应该传递给大学生的信息是能源意识就在我们身边，其次要使大学生对这个话题产生一探究竟的兴趣，接下来便要让大学生认识到能源意识建设的必要性和紧迫性，最后则是让大学生切身参与到能源意识建设中。

8.2.4　推动大学生生态文明意识回归，肩负起能源建设攻坚者使命

1. 加强自我管理，丰富能源知识

能源知识是绿色能源行为的基础，在当前大学生能源知识匮乏的情况下，增进大学生对能源意识的了解成为亟待解决的问题。而大学生的一个显著特征是自我管理、自我教育，只有当大学生对待知识的态度从被动接受变为主动汲取才能真正实现教育的作用，扩充能源知识，增强能源意识。在汲取能源知识时可以结合个人兴趣点，把兴趣作为学习能源知识的动力，减少学习的疲劳感。也可以在实际生活中学习相关知识，在践行绿色生活的同时真正学为所用，在潜移默化中丰富生活常识，充实知识积累。

2. 增强道德意识，提高思想觉悟

大学生的绿色能源行为多受道德约束，而部分大学生道德意识的缺

失导致了一系列浪费能源、破坏生态的恶劣行为。因此，提高思想道德觉悟不仅是良好社会风气的需要，更是关系到社会能源意识建设能否成功的关键环节。作为当代大学生，必须响应习近平总书记“加强全社会的思想道德建设”的号召，时刻意识到社会对自己的思想品质要求，并在这种要求下增强自控力，规范自己的行为，实现道德要求向生态文明行为的迈进。

3. 投身能源科研，助力能源建设

大学生是社会新思想、新技术的前沿群体，肩负着引领社会先进文化、推动社会进步发展的使命。身为大学生，更应当结合自己的本职，通过对能源问题的解决办法、能源制度建设等的研究，为能源意识的系统建设奠定理论基础，以丰富的科研成果回馈社会。同时，大学生也将在学习、科研的过程中增进自身对能源的认识，培养自己的能源意识。

4. 参与能源实践，提高践行能力

面对绿色能源行为难落实的现状，大学生需要积极参与能源意识社会实践，而不能只学习理论知识“纸上谈兵”，无法化知识为力量，应该通过行动改变现状。大学生要积极参与各项能源保护活动，在活动中增进自我对能源的认识，也通过活动本身带动更多的人加入能源建设的队伍，实现更大范围的能源建设。

8.3 不足与展望

8.3.1 研究不足

(1)研究样本只是针对大学生这一特定群体，因此对于绿色能源意识的研究在普遍性意义上不足，不能更有效、广泛地测评我国公众在绿色能源意识上的表现；而且研究对象主要集中在本科一、二年级学生，

三、四年级的较少，而硕士、博士生涉及更少。

(2)由于受地域和时间上的限制，本书在高校选取的样本大多集中于本校即中国地质大学(武汉)，而且样本尤以武汉市居多，原因为由本校进行的大学生项目所发的问卷范围有限，其他城市的高校学生多为线上完成问卷且数量较少且有些高校并未被纳入研究中，终究使本文研究结论的广泛适用性受到了一定程度的影响。

(3)量表的构建测试方面，一般来说一个科学的量表开发需要两次以上的测试和分析，每一次测试和分析都包括对项目的筛选和对量表结构的探索。本研究只进行了一次正式测试和数据分析。

8.3.2 研究展望

本研究从知晓度、认同度、践行度分析了我国大学生能源意识的现状，对全国范围的大学抽样进行问卷调查，本研究依然存在一些不足之处，需要在后续研究中进行改进和完善：

(1)未来的研究可以扩充或更换测评对象再次研究，利用本书中的研究结论与未来的研究成果进行对比性分析，切实发现不同群体间节能意识存在的差异；

(2)未来的研究可以扩充样本地域及容量，更全面地涉及高年级，尽可能地涵盖多的高校，扩充以后可以寻找能源意识在更广阔意义上的测评说明力度；

(3)在今后的研究中应当增加测试和分析次数。

科学地评价大学生能源意识，还需要在现有评价指标体系的基础上对评价内容、指标选择、指标权重、分级评价等方面进行改进。

综上所述，随着能源需求的不断增加，世界范围内资源及能源逐渐的减少，可以使用的资源已经不足以支撑庞大的消费需求，所以作为大学生群体的我们——社会的栋梁、人才、国家未来的制造者，关系着国家的发展和命运，我们调查大学生能源消费也是基于这一点。从大学生的视角出发，推行节能消耗，促进大学生能源意识的增强，可以提高大学生的社会责任感，消费的同时可减少资源能源的浪费，对社会风气起着一定意义上的指引作用，对社会的发展和时代的进步有着重要意义，促进我们国家更高效地运转。

附录一 《全国环境宣传教育工作纲要（2016—2020年）》

为进一步加强生态环境保护宣传教育工作，增强全社会生态环境意识，牢固树立绿色发展理念，坚持“绿水青山就是金山银山”重要思想，全面推进生态文明建设，依据党中央、国务院关于推进生态文明建设、加强环境保护的新要求和“十三五”时期环境保护工作的新部署，特制定《全国环境宣传教育工作纲要(2016—2020年)》。

一、“十三五”环境宣传教育工作面临的形势

“十二五”期间，环境宣传教育工作坚持围绕中心、服务大局，全面贯彻落实《全国环境宣传教育行动纲要(2011—2015年)》，进一步加强环境新闻发布和舆论引导，广泛组织形式多样的环境宣传活动，积极开展学校环境教育，扎实推动环境信息公开和公众参与，着力提升社会各界特别是党政领导干部生态文明和环境保护意识，与时俱进，开拓进取，为促进我国环保事业发展作出了积极贡献。

但也要看到，环境宣传教育的现状与环保事业的快速发展还存在一定差距：一是在应对公共事务、与公众有效沟通等方面能力不足；二是对传统媒体和新兴媒体融合发展适应性不足；三是宣传教育手段创新突破不足；四是生态文化产品供给能力不足。

党中央、国务院把生态文明建设和环境保护摆上更加突出的位置，“十三五”环保工作明确以改善环境质量为核心，环境宣传教育工作面

临新的挑战：环境改善的复杂性、艰巨性、长期性，环境保护优化经济发展的紧迫性、必要性，需要得到公众的理解和支持；新媒体的快速发展、网络舆论环境日益复杂，环境信息的传播形式和方法亟待调整；人民群众对生态文化产品的需求不断增强，生态文化公共服务体系建设任重道远。

新修订的《中华人民共和国环境保护法》规定，“各级人民政府应当加强环境保护宣传和普及工作”，“教育行政部门、学校应当将环境保护知识纳入学校教育内容”，“新闻媒体应当开展环境保护法律法规和环境保护知识的宣传，对环境违法行为进行舆论监督”。中共中央、国务院出台的《关于加快推进生态文明建设的意见》提出，“积极培育生态文化、生态道德，使生态文明成为社会主流价值观，成为社会主义核心价值观的重要内容”。《中共中央关于制定国民经济和社会发展第十三个五年规划的建议》提出，“加强资源环境国情和生态价值观教育，培养公民环境意识，推动全社会形成绿色消费自觉”。环境宣传教育工作面临新形势、新部署、新要求，必须进一步增强责任感和使命感，应势而动，顺势而为。

二、“十三五”环境宣传教育工作的指导思想和总体要求

(一)指导思想

“十三五”时期的环境宣传教育工作，要全面贯彻党的十八大和十八届三中、四中、五中全会精神，以马克思列宁主义、毛泽东思想、邓小平理论、“三个代表”重要思想、科学发展观为指导，深入贯彻习近平总书记系列重要讲话精神，紧紧围绕“五位一体”总体布局和“四个全面”战略布局，树立和贯彻创新、协调、绿色、开放、共享的发展理念，以生态文明理念为引领，认真落实党中央、国务院关于生态文明建设和环境保护的部署要求，促进环境宣传教育工作上台阶上水平。

(二)基本原则

1. 围绕中心，服务大局。积极宣传党中央、国务院关于生态文明建设和环境保护工作的大政方针，宣传生态文明建设和环境保护面临的形势和中心任务，提高全社会的环境意识。

2. 正面引导，主动作为。加强环境舆论引导工作，掌握舆论引导的主动权、话语权。弘扬主旋律，传播正能量，对群众关注的热点难点环境问题积极疏导，化解矛盾。

3. 统筹推进，形成合力。充分发挥社会各方的积极性和创造性，用好用足社会优质宣传资源，大力弘扬和宣传生态文明主流价值观，形成环境宣传教育工作大格局。

4. 与时俱进，改革创新。研究新情况，提出新措施，在落细、落小、落实上下功夫，提高宣传教育的针对性和有效性。适应互联网环境下宣传教育方式的发展变化，拓宽渠道，增加活力。

(三)主要目标

到2020年，全民环境意识显著提高，生态文明主流价值观在全社会顺利推行。构建全民参与环境保护社会行动体系，推动形成自上而下和自下而上相结合的社会共治局面。积极引导公众知行合一，自觉履行环境保护义务，力戒奢侈浪费和不合理消费，使绿色生活方式深入人心。形成与全面建成小康社会相适应，人人、事事、时时崇尚生态文明的社会氛围。

三、“十三五”环境宣传教育的主要任务

(一)加大信息公开力度，增强舆论引导主动性

1. 完善环境新闻发布制度。各级环保部门都要设立新闻发言人，建立健全例行新闻发布制度。每月至少召开1次例行发布会，组织好重

点时段新闻发布会。新闻发布应结合公众关注的热点和现实问题，围绕环保工作重点，提高时效性、规范性、大众性，力求及时准确、通俗易懂。环境政策解读与新闻发布同步进行，积极向公众阐释政策，扩大共识。

2. 确立正确、积极的环境舆论导向。新闻媒体要加大环境新闻报道力度。主要报纸、通讯社、广播电台、电视台及新闻网站应积极开设环保专栏，加强环境形势的宣传和政策解读，普及环境保护的科学知识和法律法规，报道先进典型，曝光违法案例。各级环保部门要及时与主要新闻媒体记者沟通交流，提供新闻素材和典型案例。办好环境专业媒体，在新闻报道中体现深度、广度和高度，提高社会影响力。开展新闻业务培训，每年组织环境新闻发言人和记者培训，引导媒体及时、准确、客观报道环境问题。

3. 积极引导新媒体参与环境报道。推动环境专业媒体和新媒体融合发展，环保部门主管的报纸、期刊等应开通官方微博和微信公众号，运用新媒体扩大环境信息传播范围，及时准确传递环境资讯。各级环保部门应开通微博、微信等新媒体互动交流平台，加强与关注环保事业的新媒体和网络代表人士的沟通，建立经常性联系渠道。加强线上互动、线下沟通，正确引导公众舆论，提升环保新媒体专业水平和社会公信力。

(二)加强生态文化建设，努力满足公众对生态环境保护的文化需求

1. 加强生态文化理论研究。组织开展马克思主义环境伦理学、社会学、政治学研究，深入研究和阐释生态文明主流价值观的内涵和外延，挖掘中华传统文化中的生态文化资源，总结中国环境保护实践历程，努力建设中国特色的生态文化理论体系。

2. 扶持生态文化作品创作。加强对生态文化作品创作的支持力度，鼓励文化艺术界人士深入了解生态文明建设和环境保护的实践活动，积

极参与生态文化作品创作，推出一批反映环境保护、倡导生态文明的优秀作品，繁荣生态文化，满足人民群众对生态文化的精神需求。

3. 加强生态文化公共服务体系建设。充分发挥各类图书馆、博物馆、文化馆等在传播生态文化方面的作用。加强自然保护区、风景管理区等的生态文化设施建设和管理，积极推进中小学环境教育社会实践基地建设，使其成为培育、传播生态文化的重要平台。

(三)加强面向社会的环保宣传工作，形成推动绿色发展的良好风尚

1. 做好不同人群的培训工作。抓好党政领导干部的培训，宣传好环境保护“党政同责”、“终身追责”等重要内容，树立科学的发展观和正确的政绩观，提高“关键少数”保护环境的责任意识；抓好企业负责人的培训，做好环境法制宣传，每年开展百人以上“企业环境责任”培训，促使企业履行社会责任，提高排污企业的守法意识；抓好公众的培训，加大科普力度，围绕公众关心的环保热点话题，通过线上线下传播途径，每年组织全民大讨论，面向妇女、青少年组织开展科普宣讲培训；围绕公众关心的热点环境问题，面向环保社会组织每年举办专题研讨班。

2. 提高环保宣传品的艺术感染力。围绕环保中心任务和重点工作，结合重点环境纪念日主题，紧扣人民群众广为关注的雾霾、核电、化工、垃圾、辐射、水污染、土壤污染等热点、焦点问题，每年组织编写群众喜闻乐见的宣传材料，策划制作宣传挂图、宣传短片、公益广告、动漫和微电影，不断提升各类环保宣传品的质量，增强艺术性，扩大覆盖面，提高影响力。

3. 打造环保公益活动品牌。充分发挥环境日、世界地球日、国际生物多样性日等重大环保纪念日独特的平台作用，精心策划，组织全国联动的大型宣传活动，形成宣传冲击力。深入推进环保进企业、进社区、进乡村、进学校、进家庭活动，每年组织具有较大社会影响力的宣

传活动，培育绿色生活方式。进一步贴近实际、贴近生活、贴近群众，努力打造一批环保公益活动品牌。把“绿色中国年度人物”、“中华环境奖”、“中国生态文明奖”评选表彰做大做强。

(四)推进学校环境教育，培育青少年生态意识

1. 培育中小学生保护生态环境的意识。总结各地各部门环境教育立法实践，支持推动地方性环境教育法规的立法工作。适时修订《中小学环境教育专题教育大纲》和《中小学环境教育实施指南(试行)》。中小学相关课程中加强环境教育内容要求，促进环境保护和生态文明知识进课堂、进教材。加强环境教育师资培训，编写环境教育丛书。积极发挥全国中小学环境教育社会实践基地的作用，组织开展环境教育课外实践活动。

2. 提高高校环境课程教学水平。加强高等院校环境类学科专业建设，根据学校特点有针对性地培养研究型、应用型人才。加强环境类专业实践环节和教材开发力度。鼓励高校开设环境保护选修课，建设或选用环境保护在线开放课程。积极支持大学生开展环保社会实践活动。

3. 培养环保职业专业人才。发挥环保职业教育教学指导委员会的作用，加强对环保职业教育人才需求预测、专业设置、教材建设、师资队伍、校企合作等方面的指导，培养更多更好的环境保护专业人才。推行全国统一的国家环保职业资格证书制度，健全环保技术技能人才评价体系，完善环保职业岗位规范，全面提高环保职业从业者专业水平。

(五)积极促进公众参与，壮大环保社会力量

1. 保障公众环境保护知情权。规范环境信息公开。提升环境信息和数据通俗性和便民度，帮助公众及时获取政府发布的环境质量状况、重要政策措施、企事业单位的环境信息、企业环境风险及相关应急预案信息、突发环境事件信息等。加强环境信息库建设。推进企业发布环境社会责任报告。

2. 拓宽公众参与渠道。完善公众参与的制度程序，引导公众依法、有序地参与环境立法、环境决策、环境执法、环境守法和环境宣传教育等环境保护公共事务，搭建公众参与环境决策的平台。建立环境决策民意调查制度。开展公众开放日活动。制定和实施重大项目环境保护公众参与计划，在建设项目立项、实施、后评价等环节，有序提高公众参与程度。

3. 发挥环保社会组织和志愿者积极作用。加强环保社会组织、环保志愿者的能力培训和交流平台建设。支持环保志愿者参与环保公益活动，引导培育环保社会组织专业化成长，鼓励符合条件的环保社会组织依法对污染环境、破坏生态等损害社会公共利益的行为开展公益诉讼。鼓励开展向环保社会组织购买服务。

四、保障措施

(一)加强组织领导

成立《全国环境宣传教育工作纲要(2016—2020年)》实施工作领导小组，对全国的环境宣传教育工作进行指导。各级环保部门要统筹谋划，定期研究分析环境宣传教育工作面临的形势和任务，加强工作指导和检查。宣传、教育、文明办等部门，工会、共青团、妇联等社会团体要发挥各自优势，共同形成环境宣传教育工作大格局，充分发挥宣传教育促进生态文明建设和环境保护的引导、支撑和保障作用。

(二)加强能力建设

成立环境宣传教育工作专家委员会，为环境宣传教育工作提供智力支持。定期开展培训和交流，提高宣传教育干部的业务水平和工作能力。加强国际合作，拓宽视野，借鉴国际社会的有益经验和做法。研究环境宣传教育工作的规律和特点，总结实践经验，推进规范化建设。加大资金投入力度，为环境宣传教育工作提供经费保障。

(三)加强考核激励

依法开展环境宣传教育工作，不断完善环境宣传教育工作评价考核机制，督促各级人民政府和有关部门履行环境宣传教育工作的法律责任。适时通报各地区、各部门开展环境宣传教育情况。对环境宣传教育工作作出突出贡献的单位和人员予以表彰。

附录二　全国大学生能源意识与行为调查问卷

亲爱的同学：

你好！

我们是来自中国地质大学(武汉)的“全国大学生能源意识与行为调查”课题研究小组，正在开展线上线下问卷调查。本次调查的主要目的是了解大学生的能源意识以及能源行为。这里我们的能源行为是指有利于生态环境保护的能源利用行为。非常感谢你能抽出宝贵的时间参与我们的调查。本问卷采取匿名调查的方式，希望能得到你真实的想法。

真诚地感谢你的参与和支持，谢谢！

个人基本情况

你的性别是【单选题】

○ 男　○ 女

你就读的大学是【单选题】

____

你的家乡所在地(省)是：【单选题】

____

你的学科门类是【单选题】

○ 经济类　○ 管理类　○ 法学　○ 文学　○ 历史学　○ 教育学

○ 哲学

○ 理工类 ○ 农学 ○ 医学 ○ 军事学 ○ 艺术

你的年级是【单选题】

○ 本科一年级 ○ 本科二年级 ○ 本科三年级 ○ 本科四年级

○ 硕士研究生 ○ 博士研究生 ○ 其他________________ *

选 择 题

1. 你知道哪些是常规能源，哪些是新能源吗？【单选题】

①完全知道 ②基本知道 ③一般

④不太知道 ⑤完全不知道

2. 你知道什么是“绿色 GDP”吗？【单选题】

①完全知道 ②基本知道 ③一般

④不太知道 ⑤完全不知道

3. 你知道什么是“环境友好型社会”吗？【单选题】

①完全知道 ②基本知道 ③一般

④不太知道 ⑤完全不知道

4. 你觉得中国能源消费总量的增长速度很快。【单选题】

①完全同意 ②基本同意 ③一般

④不太同意 ⑤完全不同意

5. 你觉得中国能源消费的进口依存度越来越大(即越来越依赖进口)。【单选题】

①完全同意 ②基本同意 ③一般

④不太同意 ⑤完全不同意

6. 你认为中国目前能源消费价格是不太合理的。【单选题】

①完全同意 ②基本同意 ③一般

④不太同意 ⑤完全不同意

7. 你认为中国现在新能源消费所占比重太低。【单选题】

①完全同意　　②基本同意　　③一般

④不太同意　　⑤完全不同意

8. 你认为中国能源消费造成的环境污染非常严重。【单选题】

①完全同意　　②基本同意　　③一般

④不太同意　　⑤完全不同意

9. 你个人一直很关注能源消费问题吗？【单选题】

①非常关注　　②关注　　③一般关注

④不太关注　　⑤完全不关注

10. 如果你实行了能源行为（比如节约能源、随手关灯、节能消费等），你是否感觉很愉悦？【单选题】

①十分愉悦　　②愉悦　　③比较愉悦

④有点愉悦　　⑤不愉悦

11. 每当看到有人浪费能源，你是否感到很气愤？【单选题】

①十分气愤　　②气愤　　③比较气愤

④有点气愤　　⑤不气愤

12. 为了节约能源，即使要你克制自己的能源消费你也愿意吗？【单选题】

①完全认同　　②基本认同　　③一般认同

④不太认同　　⑤完全不认同

13. 你有义务节约能源。【单选题】

①完全认同　　②基本认同　　③一般认同

④不太认同　　⑤完全不认同

14. 你愿意为节约能源出一份力。【单选题】

①完全认同　　②基本认同　　③一般认同

④不太认同　　⑤完全不认同

15. 你愿意宣传新能源产品。【单选题】

①完全认同　　②基本认同　　③一般认同

④不太认同　　⑤完全不认同

16. 你在购买能源相关产品时，会优先考虑新能源产品吗？【单选题】

①总是会　　②经常会　　③偶尔会

④几乎不会　　⑤从来不会

17. 当你得知某产品是高能耗的，会尽量不再购买或不再使用它吗？【单选题】

①总是会　　②经常会　　③偶尔会

④几乎不会　　⑤从来不会

18. 你会尽量循环使用低碳产品，甚至到完全废弃吗？【单选题】

①总是会　　②经常会　　③偶尔会

④几乎不会　　⑤从来不会

19. 你会劝说身边的人购买节能环保产品吗？【单选题】

①总是会　　②经常会　　③偶尔会

④几乎不会　　⑤从来不会

20. 你会主动了解一些能源方面的知识(如国务院下发的文件、相关杂志文章资讯等)吗？【单选题】

①完全同意　　②基本同意　　③一般

④不太同意　　⑤完全不同意

21. 如果选课系统允许的话，你会主动选择一些能源相关的课程吗？【单选题】

①完全同意　　②基本同意　　③一般

④不太同意　　⑤完全不同意

22. 在未来发展规划中，你会向所学专业与能源相结合的方向发展吗？【单选题】

①完全同意　　②基本同意　　③一般

④不太同意　　⑤完全不同意

23. 你通常主要通过哪些渠道了解生态环保能源知识和相关信息？【排序题，请在中括号内依次填入数字】

[　]①行业报告

[　]②政策文件

[　]③统计年鉴

[　]④网络报道

24. 你在能源消费时，更关心的是?【排序题，请在中括号内依次填入数字】

[　]①价格

[　]②便捷性

[　]③环保性

[　]④替代性

25. 你认为提高能源意识、促进能源行为、推动生态文明建设是谁的责任?【排序题，请在中括号内依次填入数字】

[　]①政府

[　]②教育者

[　]③个人

[　]④其他(请说明) ____________________ *

26. 你认为中国目前应该优先发展以下哪几种新能源?

[　]①核能

[　]②风能

[　]③太阳能

[　]④海洋能

[　]⑤其他(请说明) ____________________ *

27. 你认为该如何提高大学生能源意识与行为?【多选题】

☐ ①开设相关选修课程

☐ ②开展知识竞赛、专题讲座等活动

☐ ③学校加强管理，规范大学生低碳节能行为

☐ ④积极鼓励大学生参加社会环保组织

☐ ⑤互联网、广播、期刊等多方面宣传

☐ 其他(请说明) ____________________ *

参考文献

[1]Ajzen, I. The theory of planned behavior[J]. Organizational behavior and human decision processes, 1991, 50(2): 179-211.

[2]Al-Dajeh, H. Assessing environmental literacy of pre-vocational education teachers in Jordan[J]. College Student Journal, 2012, 46(3): 492-507.

[3]Alkaher, I. & Goldman, D. Characterizing the motives and environmental literacy of undergraduate and graduate students who elect environmental programs—a comparison between teaching-oriented and other students[J]. Environmental Education Research, 2018, 24(7): 969-999.

[4]Alp, E., Ertepinar, H., Tekkaya, C. & Yilmaz, A. A survey on Turkish elementary school students' environmental friendly behaviours and associated variables[J]. Environmental Education Research, 2008, 14(2): 129-143.

[5]Arnon, S., Orion, N. & Carmi, N. Environmental literacy components and their promotion by institutions of higher education: an Israeli case study[J]. Environmental Education Research, 2014, 21(7): 1029-1055.

[6]Barraza, L. & Walford, R. A. Environmental education: A comparison between English and Mexican school children[J]. Environmental

Education Research, 2002, 8(2): 171-186.

[7]Barrow, L. H. & Morrisey, J. T. Energy literacy of ninth-grade students: A comparison between Maine and New Brunswick[J]. The Journal of Environmental Education, 1989, 20(2): 22-25.

[8]Bodzin, A. M., Fu, Q., Peffer, T. E. & Kulo, V. Developing energy literacy in US middle-level students using the geospatial curriculum approach[J]. International Journal of Science Education, 2013, 35(9): 1561-1589.

[9]Braun, T., Cottrell, R. & Dierkes, P. Fostering changes in attitude, knowledge and behavior: demographic variation in environmental education effects[J]. Environmental Education Research, 2018, 24(6): 899-920.

[10]Brounen, D., Kok, N. & Quigley, J. M. Energy literacy, awareness, and conservation behavior of residential households[J]. Energy Economics, 2013, 38: 42-50.

[11]Casaló, L. V. & Escario, J. J. Heterogeneity in the association between environmental attitudes and pro-environmental behavior: A multilevel regression approach[J]. Journal of Cleaner Production, 2018, 175: 155-163.

[12]Chakraborty, A., Singh, M. P. & Roy, M. A study of goal frames shaping pro-environmental behaviour in university students[J]. International Journal of Sustainability in Higher Education, 2017, 18(3).

[13]Chen, K. L., Huang, S. H. & Liu, S. Y. Devising a framework for energy education in Taiwan using the analytic hierarchy process[J]. Energy policy, 2013, 55: 396-403.

[14]Chen, S. J., Chou, Y. C., Yen, H. Y. & Chao, Y. L. Investigating and structural modeling energy literacy of high school students in Taiwan

[J]. Energy Efficiency, 2015, 8(4): 791-808.

[15] Choi, D. & Johnson, K. K. Influences of environmental and hedonic motivations on intention to purchase green products: An extension of the theory of planned behavior [J]. Sustainable Production and Consumption, 2019, 18: 145-155.

[16] Chu, H. E., Lee, E. A., Ryung Ko, H., Hee Shin, D., Nam Lee, M., Mee Min, B. & Hee Kang, K. Korean year 3 children's environmental literacy: A prerequisite for a Korean environmental education curriculum [J]. International Journal of Science Education, 2007, 29(6): 731-746.

[17] Cotton, D., Miller, W., Winter, J., Bailey, I. & Sterling, S. Knowledge, agency and collective action as barriers to energy-saving behaviour[J]. Local Environment, 2016, 21(7): 883-897.

[18] Cotton, D. R., Miller, W., Winter, J., Bailey, I. & Sterling, S. Developing students' energy literacy in higher education [J]. International Journal of Sustainability in Higher Education, 2015, 16 (4): 456-473.

[19] Dagher, G. K. & Itani, O. S. Factors influencing green purchasing behaviour: Empirical evidence from the Lebanese consumers [J]. Journal of Consumer Behaviour, 2014, 13(3): 188-195.

[20] Deng, J., Walker, G. J. & Swinnerton, G. A comparison of environmental values and attitudes between Chinese in Canada and Anglo-Canadians [J]. Environment and Behavior, 2006, 38 (1): 22-47.

[21] DeWaters, J. & Powers, S. Establishing measurement criteria for an energy literacy questionnaire [J]. The Journal of Environmental Education, 2013, 44(1): 38-55.

[22] DeWaters, J., Powers, S. & Graham, M. E. Developing an energy

literacy scale, ASEE Annual Conference and Exposition, Conference Proceedings, 2007.

[23] DeWaters, J. E. & Powers, S. E. Energy literacy of secondary students in New York State (USA): A measure of knowledge, affect, and behavior[J]. Energy policy, 2011, 39(3): 1699-1710.

[24] Disinger, J. F. & Roth, C. E. Environmental Literacy[J]. Journal of Wildlife Rehabilitation, 2000, 23(3): 25-26.

[25] Eilam, E. & Trop, T. Environmental attitudes and environmental behavior—which is the horse and which is the cart? [J]. Sustainability, 2012, 4(9): 2210-2246.

[26] Erdogan, M. The effect of summer environmental education program (SEEP) on elementary school students' environmental literacy[J]. International Journal of Environmental & Science Education, 2015, 10(2): 165-181.

[27] Erdogan, M. & Ok, A. An Assessment of Turkish Young Pupils' Environmental Literacy: A nationwide survey[J]. International Journal of Science Education, 2011, 33(17): 2375-2406.

[28] Esa, N. Environmental knowledge, attitude and practices of student teachers[J]. International Research in Geographical & Environmental Education, 2010, 19(1): 39-50.

[29] Fah, L. Y. & Sirisena, A. Relationships between the knowledge, attitudes, and behaviour dimensions of environmental literacy: a structural equation modeling approach using smartpls [J]. Journal Pemikir Pendidikan, 2014, 5.

[30] Fishbein, M. & Ajzen, I. Belief, attitude, intention, and behavior: An introduction to theory and research[M]. Contemporary Sociology, 1977, 6(2).

[31] Fryxell, G. E. & Lo, C. W. The influence of environmental knowledge

and values on managerial behaviours on behalf of the environment: An empirical examination of managers in china[J]. Journal of Business Ethics, 2003, 46(1): 45-69.

[32] GBADAMOSI, T. V. Effect of service learning and educational trips instructional strategies on primary school pupils'environmental literacy in social studies in oyo state, Nigeria[J]. PEOPLE: International Journal of Social Sciences, 2018, 4(2).

[33] Genc, M. & Akilli, M. Modeling the relationships between subdimensions of environmental literacy[J]. Applied Environmental Education & Communication, 2016, 15(1): 58-74.

[34] Goldman, D., Pe'er, S. & Yavetz, B. Environmental literacy of youth movement members—is environmentalism a component of their social activism? [J]. Environmental Education Research, 2017, 23(4): 486-514.

[35] Goldman, D., Yavetz, B. & Pe'er, S. Student Teachers' Attainment of Environmental Literacy in Relation to Their Disciplinary Major during Undergraduate Studies[J]. International Journal of Environmental and Science Education, 2014, 9(4): 369-383.

[36] Guagnano, G. A., Stern, P. C. & Dietz, T. Influences on Attitude-Behavior Relationships A Natural Experiment with Curbside Recycling [J]. Environment and Behavior, 1995, 27(5): 699-718.

[37] Hashimotomartell, E. A., Mcneill, K. L. & Hoffman, E. M. Connecting Urban Youth with their Environment: The Impact of an Urban Ecology Course on Student Content Knowledge, Environmental Attitudes and Responsible Behaviors [J]. Research in Science Education, 2012, 42(5): 1007-1026.

[38] Hines, J. M., Hungerford, H. R. & Tomera, A. N. Analysis and synthesis of research on responsible environmental behavior: A meta-

analysis[J]. The Journal of Environmental Education, 1987, 18(2): 1-8.

[39]Hollweg, K. S., Taylor, J. R., Bybee, R. W., Marcinkowski, T. J., McBeth, W. C. & Zoido, P. Developing a framework for assessing environmental literacy [M]. Washington, DC: North American Association for Environmental Education, 2011.

[40]Hopper, J. R. & Nielsen, J. M. Recycling as altruistic behavior: Normative and behavioral strategies to expand participation in a community recycling program[J]. Environment and Behavior, 1991, 23(2): 195-220.

[41]Hsu, S. J. The effects of an environmental education program on responsible environmental behavior and associated environmental literacy variables in Taiwanese college students[J]. Journal of Environmental Education, 2004, 35(2): 37-48.

[42]Hungerford, H. R. & Volk, T. L. Changing learner behavior through environmental education[J]. The Journal of Environmental Education, 1990, 21(3): 8-21.

[43]Jaiswal, D. & Kant, R. Green purchasing behaviour: A conceptual framework and empirical investigation of Indian consumers[J]. Journal of Retailing and Consumer Services, 2018, 41: 60-69.

[44]Jia, J. J., Xu, J. H. & Fan, Y. Public acceptance of household energy-saving measures in Beijing: Heterogeneous preferences and policy implications[J]. Energy policy, 2018, 113: 487-499.

[45]Joshi, Y. & Rahman, Z. Factors affecting green purchase behaviour and future research directions[J]. International Strategic management review, 2015, 3(1-2): 128-143.

[46]Kelly, T., Mason, I., Leiss, M. & Ganesh, S. University community responses to on-campus resource recycling[J]. Resources, Conservation

and Recycling, 2006, 47(1): 42-55.

[47]Kollmuss, A. & Agyeman, J. Mind the gap: why do people act environmentally and what are the barriers to pro-environmental behavior? [J]. Environmental Education Research, 2002, 8(3): 239-260.

[48]Krnel, D. Environmental literacy comparison between eco-schools and ordinary schools in Slovenia [J]. Science Education International, 2009, 20(1): 5-24.

[49]Larson, L. R., Castleberry, S. B. & Green, G. T. Effects of an Environmental Education Program on the Environmental Orientations of Children from Different Gender, Age, and Ethnic Groups[J]. Journal of Park & Recreation Administration, 2010, 28(3).

[50]Lee, L. S., Chang, L. T., Lai, C. C., Guu, Y. H. & Lin, K. Y. Energy literacy of vocational students in Taiwan [J]. Environmental Education Research, 2017, 23(6): 855-873.

[51]Lee, L. S., Lee, Y. F., Altschuld, J. W. & Pan, Y. J. Energy literacy: Evaluating knowledge, affect, and behavior of students in Taiwan[J]. Energy policy, 2015, 76: 98-106.

[52]Levine, D. S. & Strube, M. J. Environmental attitudes, knowledge, intentions and behaviors among college students[J]. Journal of Social Psychology, 2012, 152(3): 308-326.

[53]Levy, A., Orion, N. & Leshem, Y. Variables that influence the environmental behavior of adults [J]. Environmental Education Research, 2016, 24(3): 307-325.

[54]Lin, E. & Shi, Q. Exploring individual and school-related factors and environmental literacy: comparing U. S. and Canada using PISA 2006 [J]. International Journal of Science and Mathematics Education, 2014, 12(1): 73-97.

[55] Liu, S. Y., Yeh, S. C., Liang, S. W., Fang, W. T. & Tsai, H. M. A national investigation of teachers' environmental literacy as a reference for promoting environmental education in Taiwan [J]. The Journal of Environmental Education, 2015, 46(2): 114-132.

[56] Lloyd-Strovas, J., Moseley, C. & Arsuffi, T. Environmental literacy of undergraduate college students: Development of the environmental literacy instrument (ELI) [J]. School Science and Mathematics, 2018, 118(3-4): 84-92.

[57] McBeth, W. & Volk, T. L. The National Environmental Literacy Project: A Baseline Study of Middle Grade Students in the United States [J]. The Journal of Environmental Education, 2009, 41(1): 55-67.

[58] Negev, M., Sagy, G., Garb, Y., Salzberg, A. & Tal, A. Evaluating the Environmental Literacy of Israeli Elementary and High School Students [J]. Journal of Environmental Education, 2008, 39(2): 3-20.

[59] Pe'er, S., Goldman, D. & Yavetz, B. Environmental literacy in teacher training: Attitudes, knowledge, and environmental behavior of beginning students [J]. The Journal of Environmental Education, 2007, 39(1): 45-59.

[60] Ramsey, C. E. & Rickson, R. E. Environmental knowledge and attitudes [J]. The Journal of Environmental Education, 1976, 8(1): 10-18.

[61] Sánchez, M. J. & Lafuente, R. Defining and measuring environmental consciousness [J]. Revista Internacional De Sociologia, 2010, 68(3).

[62] Simmons, D. Working paper# 2: Developing a framework for national environmental education standards [J]. Papers on the development of environmental education standards, 1995, 53: 58.

[63] Spínola, H. Environmental literacy comparison between students taught

in Eco-schools and ordinary schools in the Madeira Island region of Portugal[J]. Science Education International, 2015, 26: 392-413.

[64]Stevenson, K. T., Peterson, M. N., Bondell, H. D., Mertig, A. G. & Moore, S. E. Environmental, institutional, and demographic predictors of environmental literacy among middle school children[J]. PLoS One, 2013, 8(3): e59519.

[65]Thøgersen, J., Jørgensen, A. K. & Sandager, S. Consumer decision making regarding a "green" everyday product[J]. Psychology & Marketing, 2012, 29(4): 187-197.

[66]Timur, S., Timur, B. & Yilmaz, S. Determining Primary School Candidate Teachers' Levels of Environmental Literacy [J]. Anthropologist, 2013, 16(1): 57-67.

[67]Tuncer, G., Tekkaya, C., Sungur, S., Cakiroglu, J., Ertepinar, H. & Kaplowitz, M. Assessing pre-service teachers' environmental literacy in Turkey as a mean to develop teacher education programs[J]. International Journal of Educational Development, 2009, 29(4): 426-436.

[68]Uzunboylu, H., Cavus, N. & Ercag, E. Using mobile learning to increase environmental awareness[J]. Computers & Education, 2009, 52(2): 381-389.

[69]Yadav, R. & Pathak, G. S. Young consumers' intention towards buying green products in a developing nation: Extending the theory of planned behavior[J]. Journal of Cleaner Production, 2016, 135(135): 732-739.

[70]Yavetz, B., Goldman, D. & Pe'er, S. Environmental literacy of pre-service teachers in Israel: a comparison between students at the onset and end of their studies[J]. Environmental Education Research, 2009, 15(4): 393-415.

[71]Zsóka, Á., Szerényi, Z. M., Széchy, A. & Kocsis, T. Greening due to environmental education? Environmental knowledge, attitudes, consumer behavior and everyday pro-environmental activities of Hungarian high school and university students[J]. Journal of Cleaner Production, 2013, 48: 126-138.

[72]Zsóka, G. N. Consistency and "awareness gaps" in the environmental behaviour of Hungarian companies[J]. Journal of Cleaner Production, 2008, 16(3): 322-329.

[73]包妍，郝波，尹常永．新形势下大学生节能教育方式探讨[J]. 大众用电，2012(3)：20-21.

[74]陈伟，屈利娟，徐芸青．大学生节能行为现状实证研究——基于浙江大学的问卷调查分析[J]. 高校后勤研究，2013(004)：92-94.

[75]陈一睿，张朝雄．当代大学生节能意识测评[J]. 河北青年管理干部学院学报，2006(2)：25-29.

[76]何纯正．高校节能教育问题及其路径研究[J]. 高校后勤研究，2015(04)：105-106.

[77]洪大用．公民环境意识的综合评判及抽样分析[J]. 科技导报，1998，16(9)：13-16.

[78]洪大用，范叶超．公众环境知识测量：一个本土量表的提出与检验[J]. 中国人民大学学报，2016，30(4)：110-121.

[79]胡娓莎，关影霞．浅谈大学生节能意识的提高[J]. 科教文汇，2009(7)：85.

[80]环境保护部宣传教育司．全国公众生态文明意识调查研究报告(2013)[M]. 北京：中国环境出版社，2015.

[81]黄晓华．浅析中学物理中能源意识的有效落实[J]. 数理化学习(初中版)，2012(11)：50.

[82]黄云凤，薛群芳，刘启明．当代大学生节能减排意识与行为调查分析[J]. 集美大学学报，2011，12(3)：111-115.

[83]靳元．大学生节能意识与能力调查研究[J]．商业文化，2011(3X)：230.

[84]李苏秀，刘颖琦．新能源汽车产业公众意识培育策略——北京数据与国际经验[J]．北京理工大学学报：社会科学版，2017(3)：57-66.

[85]李维瑜，刘静，余桂林，徐菊华．知信行理论模式在护理工作中的应用现状与展望[J]．护理学杂志，2015，30(06)：107-110.

[86]李忠安，张博强．大学生生态意识教育的内涵及发展理路[J]．黑龙江高教研究，2013，31(2)：28-30.

[87]刘丽梅，吕君．草原旅游发展中旅游管理部门环境意识的调查研究[J]．中国人口·资源与环境，2008，18(2)：160-165.

[88]刘妙品，南灵，李晓庆，赵连杰．环境素养对农户农田生态保护行为的影响研究——基于陕、晋、甘、皖、苏五省1023份农户调查数据[J]．干旱区资源与环境，2019，33(02)：53-59.

[89]刘森林．当代中国青年群体环境意识研究——基于中国社会状况综合调查(CSS)2013年数据[J]．中国青年研究，2017(5)：84-90.

[90]刘亦红．新能源产业发展中政府与企业的博弈均衡[J]．求索，2013(9)：53-55.

[91]刘志娟，李傲，李楚瑛，赵元凤．公民生态环境意识测评及其影响因素研究[J]．生态经济(中文版)，2018(6).

[92]罗伯特·F. 德威利斯．量表编制：理论与应用[M]．重庆：重庆大学出版社，2016.

[93]吕洪涛．生态文明建设视阈下的能源教育的思考[J]．南京工业职业技术学院学报，2013，13(3)：44-46.

[94]欧庭宇．国外能源教育对中国生态教育的启示[J]．胜利油田党校学报，2016，29(1)：68-73.

[95]齐睿，王然，成金华．全国大学生生态文明意识调查(2016)[M]．武汉：武汉大学出版社，2017.

[96]乔何钰，吴彬，邱丹韫，张小林，黄美芳．知信行理论模式在护理工作中的应用现状[J]．全科护理，2017，15(16)：1938-1940.

[97]唐刚．提升大学生节能实践行动的几点对策[J]．科协论坛(下半月)，2010(3)：111.

[98]王建明．公众资源节约与循环回收行为的决定因素研究[J]．江淮论坛，2010(03)：18-24.

[99]王建明．资源节约意识对资源节约行为的影响——中国文化背景下一个交互效应和调节效应模型[J]．管理世界，2013(8)：77-90.

[100]王效华，陈俊塔．大学生节能意识及行为的调查与评价[J]．节能技术，2007，25(5)：455-457.

[101]王耀先，李炜，杨明明，洪大用．建立环境素质评估指标体系提高公众环境素质[J]．环境保护，2011(6)：53-55.

[102]魏勇，范支柬，孙雷，刘桂建．中国公众环境意识的现状与影响因素[J]．科普研究，2017，12(3)：33-38.

[103]杨茂，张高俊．我国高校能源教育的路径思考[J]．西南石油大学学报(社会科学版)，2017，19(6)：23-28.

[104]余晓平，张礼建．浅析当代大学生素质教育中能源效率意识的培养策略[J]．重庆科技学院学报(社会科学版)，2008(1)：181-182.

[105]张玉，张晓怡，王丹丹，曹江，李慧娟．大学生节能意识与行为情况调查分析——以江苏省为例[J]．环境保护与循环经济，2017，37(10)：73-76.

[106]张智清．大学生节能减排调查研究[J]．湖北第二师范学院学报，2016，33(8)：79-82.